酪農経営の変化と食料・環境政策

—中国内モンゴル自治区を対象として—

長命洋佑 著

養賢堂

目　次

序章　本書の目的と構成

1. 問題意識と課題

1978年の改革開放以降，中国は社会主義のもとで市場経済と競争原理を導入することにより，著しい発展を遂げた．経済発展による国民所得水準の向上に伴い，人々の食生活は高度化・多様化し，都市部を中心に乳製品などの畜産物需要が拡大した．また，需要拡大に呼応するように，農業の生産構造も変容をみせている．

こうした経済発展は，外資主導による沿岸地域における工業化によって牽引されてきたが，結果として，沿岸地域と内陸地域との経済格差や三農問題（農業・農村・農民問題）[注1]を引き起こすこととなった．さらに近年では，中国北部の草原地帯を中心として，草原退化・砂漠化が深刻化し生態系が破壊された．その結果，干ばつ，砂嵐，黄砂などの問題が顕在化し，その地域で暮らす農牧民の生業を脅かすだけでなく，周辺地域や国の食料生産や生活環境にも多大な危害を与え，大きな社会問題となっている．現在，これらの地域では国家プロジェクトによる大規模な環境保全政策（「退耕還林・還草」政策や「生態移民」政策など）が実施されている．中国では，経済成長とともに生態環境を保全しながら，持続的に発展していくことが大きな課題となっている．

中国における環境問題の特徴の一つは，中国国内だけでなく周辺諸国や地球環境全体にも影響を及ぼしているという点である．こうした環境問題を解決するには，パラダイム変換の中で中国の持続的発展を図ること，すなわち，経済成長と環境保全との調和が必要といえる．経済発展および環境保全を基軸とした目標設定を行い，体系的かつ長期的な戦略を構築していくことが重要である．

中国では1990年代半ば以降，経済発展の振興政策としては「農業産業化」政策が，環境政策としては「禁牧」政策および「生態移民」政策などが実施され，それらの内容について活発な議論が行われてきた（巴圖・小長谷 2012）．前者の経済発展に関して，「農業産業化」政策では，農産物の付加価値や市場競争力を高めることによる農業・農村の振興が図られてきた．他方，後者の環境保全政策に関して，「禁牧」政策では，過放牧となっている地域において放牧を禁止するとともに，農牧民に舎飼での家畜飼養を推進し，集約的な肥育を基軸とした畜産業の発展が図られてきた．また，「生態移民」政策では，生態環境が悪化している地域の人々を移民村へ移住させ，乳牛飼養を行わせるのと同時に酪農業の発展を試みるなど，経済発展と環境保全の両立を目指した施策が講じられてきた．その中で近年最も注目されているのが酪農である．

近年の酪農生産では，従来からの酪農生産地帯以外にも北京や上海などの大都市近郊に新たな酪農生産地帯が形成されている．中国における牛乳需要の急速な拡大は酪農家から乳業メーカー，卸・小売業に至る垂直的な流通組織の量的・質的な変化をもたらした（何ら 2011）．酪農生産および乳業メーカーの急速な発展は，消費市場の変化，商品開発および流通手段の多様化などを背景とし展開するなかで，乳製品は中国国民にとって身近なものとなった（達古拉 2007）．そうしたなか，生産・加工・流通の一体化による高付加価値化を通じ，市場ニーズに対応した，より戦略的な農業生産を展開しようとする新たな動きが現れてきた．それが「農業産業化」であり，その推進過程で中核的役割を担うのが「龍頭企業」と呼ばれる総合アグリビジネス企業である（石川 2014）．池上・寳劔（2009）は，農業産業化経営において，加工・流通企業や卸売市場，農業技術普及部門，専門農家の組織が生産農家に対してサービスを提供するとともに，専業化（専門化）との分業のもとで生産，加工，流通といった川上から川下までの価値連鎖（バリューチェーン）の各セクションを有機的に結びつける「一条龍」（一体化）が目指されていると述べている．さらに，分散した小規模生産の農家を専業化（専門化）により大規模経営へと転換させることで，インテグレータと農家とのリスク共同負担，利益共有の体制を構築し，資源の適正配置と農産物の付加価値向上を実現することも重要な目的であると指摘している．

ところが，酪農生産および乳業メーカーが急激な成長を見せるなか，2008 年にメラミン混入事件（以下，メラミン事件とする）が発生した．この事件は，単なる乳製品に対する安全性への不安だけでなく，酪農の生産現場から乳業メーカー，卸・小売業およびスーパーなどの店舗における商品陳列に至るまでの過程，すなわちフードチェーンにおいて，消費者に不安意識を植え付ける事件となった．メラミン事件以降も中国国内では食品安全に関連する問題が多発しており，消費者の食品安全・安心に対する意識や食料に対するリスク（食料リスク）意識が高まっている．前者の食品安全に関しては，それらを脅かす危害因子（ハザード）として，誤認，無知，管理不備，事故，故意など様々な理由で食品に混入することで安全が脅かされる（関崎 2014）[注2]．また，後者の食料リスクに関しては，食料の安全性が損なわれるリスクである食料汚染リスクと食料供給量が不足する食料不足リスクとがある（南石 2011）[注3]．なお，メラミン事件で注目を集めた安全性の問題は食料汚染リスクと密接に関連している．

現在，中国では畜産物を中心とした食料需要の増大に対応するため，各地で生産の拡大が図られている．しかし，農地開墾や化学肥料投入などを通じ，農業生産が環境に過剰な負荷を与えれば，生産性や品質の低下を招くこととなる．このことは，持続的な農業が困難になるとともに，環境リスクが高まることを意味している．近年，中国では化学肥料や農薬に依存した農業生産から，自然環境や生態系の保全をより重視した生産様式「生態農業」への転換が図られてきている[注4]．また，食の安全・安心に敏感な都市住民を中心に，生態農業を通じて生産された農産品へのニーズが高まっていることから，これらの農産品の生産・販売拡大による農業所得の増大が期待されている（石川 2014）．

こうした時代背景を受け，中国政府は，経済問題，環境問題，社会問題などの問題を解決し持続的発展を図っていくために，経済的に立ち遅れた地域に対し，様々な施策を実施してきた．その中で近年，急速に経済発展を遂げてきたのが内モンゴル自治区（以下，内モンゴルとする）である．

内モンゴルは，現在，中国最大の酪農生産地域であると同時に，広大な草地と畑作地帯を有する飼料生産地域でもある．さらに，石炭やレアメタルなどの地下鉱物資源など豊富な資源に恵まれ，政府の産業化政策が実施されている．

元来，内モンゴルの草原で暮らしてきた遊牧民・牧畜民は，長い歴史において自然と調和した生活，すなわち伝統的，粗放的な家畜生産を行うなかで，生活様式と環境保全とを両立させたシステムを形成していた．しかし，市場経済下においては，自然と共生する伝統的，粗放的な家畜生産を継続していくことは困難を極め，多くの遊牧民・牧畜民は自らの生業形態を放棄せざるをえない状況となった．その一方で，経済発展に伴う畜産物需給バランスに不均衡が生じている．特に，家畜の過放牧による生態環境の悪化が大きな問題となっている．伝統的，粗放的な家畜生産は，地域において利用できる諸資源に制約される．需要が増大し，その地域において生産可能な能力以上のものが要求された場合，家畜生産は地域環境に対して多大な負荷を与えることとなる．

1990 年以降，内モンゴルでは砂漠化や草原退化などの環境問題，牧畜地域と都市地域との経済格差問題などが深刻化している．中央政府は「土地請負制度」，「生態移民」政策，「退耕環林・還草」政策，「農業産業化」政策などを実施し，問題解決に取り組んできた[注5]．しかし，これらの施策実施により，定住化が進むと同時に，利用可能な放牧地が減少したため，草原開墾，過放牧などの問題は深刻化し，さらなる砂漠化・草原退化を引き起こすこととなった．

このような状況において，草原の放牧利用は厳しく制限されることとなり，遊牧および牧畜による家畜飼養の様式は，畜舎で飼養する施設型の様式へと移り変わっていった．また，家畜に必要な餌は牧草から飼料となり，飼料生産においては，化学肥料や農薬が使用されるようになった．集約的な家畜生産は，家畜ふん尿など家畜由来の環境汚染，化学肥料や農薬使用に伴う環境や食料の汚染など，農業経営が原因となるリスクを含むものである．今後は，食料リスクや環境リスクに対応しつつ，経済発展および環境保全の両立を目指し，発展を図っていくことが重要な課題となっている．この点に関しては，よりミクロな視点で見ると，畜産経営を営んでいる個々の農業経営およびそれらを取り巻く農村および地域の中長期的な戦略・計画をどのように展望していくのかとも密接に関わっており，将来的な問題として極めて重要であるといえる．

以上のような社会的背景を踏まえ，近年の内モンゴルにおける酪農生産の研究は，政策転換による農業生産構造の変化および環境リスクを含む環境保全への影響，それら施策実施により生活様式の変更を余儀なくされた畜産経営（特に酪農経営）および農村の変化（農業リスクを含む)，さらにはメラミン事件を契機とした乳製品を含む食品の生産および消費に焦点を当てた消費者意識および食品リスクに対する研究が蓄積されてきている．各先行研究では，農業生産構造の現状および変化，環境保全政策の効果や問題点，酪農経営および乳業メーカーを取り巻く問題点などが考察されている．また，それらの分析より導き出された含意は，内モンゴルの経済問題および環境問題の解決に寄与している．

しかし，内モンゴルにおける政策転換を含む外部要因により，農牧民がいかなる行動を取るのかを含め，経済発展と環境保全の両立を目指し持続的発展の方策について検討した研究の蓄積はまだまだ少ないといえる．特に，酪農を中心とした畜産経営，農村および地域における中長期的な計画・展望，さらには，それらを取り巻くステークホルダー（例えば，乳業メーカーや消費者）などとの重層的な関係に着目し，経済発展と環境保全に資する持続的な畜産経営および地域計画・農村計画の方向性を検討した研究の蓄積はほとんど見られない．

以下，次節では本書の中心キーワードである経済発展と環境保全に関連する先行研究の整理を行う．具体的には，経済発展に関しては酪農生産を中心とした経済発展政策および農業生産構造の変化に関連する先行研究を，環境保全に関しては「生態移民」政策および「退耕還林・還草」政策に関する先行研究の整理を行う．第3節では，本書の目的について述べる．最後，第4節では，本書を鳥瞰する意味において，章別構成を提示する．

2. 経済発展と環境保全に関する先行研究

本節では，中国内モンゴルで実施された諸政策と関連先行研究のレビューを通して農業生産構造と農牧民[注6)]の経営および生活の変化を俯瞰する．これまでの先行研究においては，農学，農業経済学，農業経営学，社会学，文化人類学，環境学，など多彩な学問分野からのアプローチがなされてきたが，ここでは，農業経済学および農業経営学に関連する研究を中心に整理を行う．

2-1. 経済発展政策に関する先行研究

以下では，経済発展政策に関する先行研究として，1）農業生産構造の変化，2）「農業産業化」政策，3）酪農生産の3点に焦点を絞り，内モンゴルを対象とした研究の整理を行う．

2-1-1. 農業生産構造の変化に関する研究

内モンゴルでは2000年以前は，詳細な統計資料が整備されていなかったため，マクロレベルから農業生産構造を解明した研究は少ない．2000年以降，農業生産構造に関する問題を取り上げた研究として，呉（2004）は3級行政レベル101の旗を対象に主成分分析を行い，農産物生産力および畜産物生産力に与える要因をパス解析により分析を行った結果，化学肥料への依存度が高く，集約的な生産を行っている地域ほど，生産力が高い傾向にあることを明らかにしている．杜・松下（2010）は主成分分析を用いて，101の旗を17の都市地帯，84の農牧畜業地帯に区分し分析した結果，牛農業地帯と羊農業地帯は農業を中心とし，牧畜業を副業としている点で共通した特徴があること，牛羊草原地帯は農業生産をほとんど行わず羊・牛の飼育が中心となっていることを明らかにしている．能美ら（2011）は，労働生産性と土地生産性に着目し分析を行った結果，都市化，資源賦存状況，地勢条件，自然変動（砂漠化），農業経営形態などの要因が生産性格差に影響を及ぼしていることを明らかにしている．長命・呉（2011b）および長命（2012a）では，2000年および2007年の2時点を取り上げ，内モンゴル全体および半農半牧区および牧区の地域区分別に，農業生産構造の変化および農牧民所得の規定要因を明らかにしている．河村・唐（2013）は，2005年（2004-2006年の3年平均）および2010年（2009-2011年の3年平均）の統計データを用いて分析を行った結果，中国農業における内モンゴル農業の特徴は，土地生産性は都市部を除いた27省の平均値よりわずかに高い増加率を示していること，労働生産性は平均値に近い増加傾向であることを明らかにしたうえで，内モンゴルでは土地生産性そのものが低水準であるため，農業発展は労働生産性指向の強い農業発展経路を辿っていることを指摘している．

2-1-2.「農業産業化」政策に関する先行研究[注8)]

「農業産業化」政策に関連する先行研究は，経営形態や展開過程に着目した研究が多い．また，取り上げている作目としては畜産や野菜に関するものが多い．なお，対象地域に関しては，畜産では内モンゴルが研究の中心となっており，野菜では山東省など都市近郊地域での研究が蓄積されている[注8)]．

張（2004）は，内モンゴルの赤峰市における養鶏農家を対象に「農業産業化」政策実施以降の経営構造を分析し，土壌環境の改善による作物単収の増加，飼養羽数の拡大，農家収入の安定化が見られたことを明らかにしている．阿拉坦沙ら（2011）は，政府支援による牧畜産業化推進モデルの一つである「養羊小区」を対象とした事例分析より，政策支援，家畜飼養および飼料調達方式の構築に加えて，農家間の連携を図っていくことが他の牧畜地域へ普及していくために必要な条件であることを提示している．また，長命・呉（2011a）では，農家が企業と契約を結び酪農生産を行う私企業リンケージ（PEL）型酪農が都市近郊を中心に増加している状況を踏まえ，新たな酪農生産の取り組みに関して，牧場園区における乳業メーカーと酪農家との「企業＋園区＋農家」モデルの対応関係を明らかにしている．哈斯図雅・千年（2012）は，内モンゴルの穀物生産を対象に，契約農家と非契約農家の経済比較分析を行った結果，「農業産業化」は単収および価格の面において，有意に作用し農業所得の増加に貢献していることを明らかにしている．また，その普及では「企業＋協会＋農家」による連携構築・拡充が大きく寄与していたことを指摘している．

2-1-3. 酪農生産に関する先行研究

以下では，酪農生産およびそれら生産を取り巻く環境に関連する先行研究について整理する.

酪農生産および乳業メーカーの急速な発展の要因について，達古拉（2007）は以下の3点を指摘している．第一は，消費市場の変化を挙げている．そこでは，乳製品の消費は増加する傾向にあり，消費主体が従来の子供や老人から家族全員へと消費拡大傾向にあり，乳製品は日常的な健康食品として扱われていることを指摘している．また，粉ミルクの消費量が減少している一方で，飲用牛乳の消費量が増加していると述べている．第二は，商品開発であり，乳製品企業，特に大手企業は消費者のニーズに適合した新商品を次々と開発し，飲用牛乳のブランド化が進んでいることを指摘している．第三は，流通手段の多様化であり，近年，多くの外資企業が中国に進出し，スーパーマーケットやコンビニエンスストアが次々と登場し,乳製品に関する流通機能が整備されつつあることを指摘している.

また，酪農経営に関する先行研究を見てみると，矢坂（2008）は，フフホト市近郊の酪農経営の調査結果より，家族経営においては実需者が求める品質の牛乳生産できていない現状を明らかにしている．その理由として，資金力の不足により飼料給与などの飼養管理技術や衛生的な搾乳作業・管理への投資を行うことが困難な状況であることを指摘している.

薩日娜（2007）は，半農半牧区に位置する興安盟での現地調査より，粗飼料生産の確保の問題，ふん尿問題や砂漠化などの環境問題が深刻化している現状を踏まえ，循環型・規模拡大経営形態への転換の必要性を指摘している．さらに薩日娜ら（2009）は，新規酪農家では，購入飼料依存体質となっている状況を明らかにしたうえで，需要などの変化から巨大乳業メーカーが戦略変更をした場合に，零細農家は真っ先に切り捨てられる可能性が高いことを指摘している．また，その原因として本来土地利用型であるはずの酪農経営において自給飼料確保を軽視した結果であることを指摘している.

小宮山ら（2010）は，フフホト市近郊の酪農家への聞き取り調査により，乳牛飼養頭数の減少要因が，飼料価格の高騰，乳牛の疾病，家族の病気，メラミン事件の発生などに起因することを明らかにしている．さらにその結果として，廃業および廃業寸前の経営が顕在化してきていることを指摘している．また小宮山（2011）は，近年の経済発展に伴い牧畜業構造が大きく変化していること，特に酪農業などの畜産業および畜産企業が著しく発展を遂げている実態を明らかにしている．また，都市と農村の経済格差がさらに拡大すれば，小規模な酪農経営は経営を中止し，施設野菜への転換や他産業への就労の動きが強まる可能性を指摘している．包・胡（2012）もメラミン事件が小規模酪農経営にいかなる影響を及ぼしたのかについて検討を行った結果，飼料価格の高騰や酪農家の技術不足などの要因を指摘しており，所得増加には，搾乳牛頭数を増加させるたけでなく，産乳量向上のための飼養管理技術が必要であると述べている[注9]．矢坂（2013）は，酪農経営の規模拡大とともに，輸入粗飼料を含めた購入飼料依存型の経営に転換していくとすれば，トウモロコシの飼料需要は増大し，中国のトウモロコシ市場への影響が大きくなることを危惧している．また，長命・南石（2015）では，メラミン事件以降の牧場園区における乳業メーカーの生産管理および支援方策，搾乳ステーションにおけるリスク管理について検討を行っている．

さらに，流通構造に焦点を当てた研究として，烏雲塔娜・福田（2009）は，1990年代以降の新たな生乳流通構造と取引形態の実態を明らかにしている．その結果，直接販売，出荷先の選択が可能な酪農家，合作社乳牛養殖酪農家，大規模酪農家団地，乳業メーカーの直接牧場の5つに類型できることを明らかにしたうえで今後，酪農生産構造の二極化が進むと同時に，大規模乳業メーカーの市場支配力が強まることによる取引価格下落の可能性を指摘している．木南（2010）は，内モンゴルの酪農は，政府援助型，企業参入型，従来の複合経営型の3モデルに分類できるとし，そのなかで政府援助型は「政府援助型乳業クラスター」を，企業参入型は「企業参入型乳業クラスター」を形成し，それぞれ一定の成果をあげていることを指摘している．何ら（2011）は，流通チャネルにおける組織間の機能と役割に着目し，牛乳流通構造の特徴について内蒙古蒙牛乳業集団股分有限公司を事例とし検討を行った結果，零細酪農家において，異物混入や品質低下が原因となり，収益低下に影響を与えていることを明らかにしている．また乳業メーカーは牛乳販売に際し，小売業者との組織間関係については，最適な機能分担関係が確立しておらず，流通コストの上昇を招いていることを指摘している．さらに，烏雲塔娜ら（2012）では，フフホト市近郊の酪農家への聞き取り調査より，メラミン事件発生の要因は，乳業メーカーが個人の搾乳ステーションへ集荷委託する取引構造において，生乳生産取引構造の情報非対称が生じていたこと，また，搾乳ステーションにおいて生乳の安全性に関するモラルハザードが生じていたことが原因であると指摘している．達古拉（2014）は，内モンゴルでは乳製品の品質自体の問題以外にも，乳製品の中への異物混入により人々の健康に悪影響を及ぼす問題が顕在化していることを指摘し，情報公開を行っていくことが重要であると述べている．

2-2. 環境保全政策に関する先行研究[注10)]

以下では，中国内モンゴルにおける環境保全政策として「退耕還林・還草」政策および「生態移民」政策に関する先行研究の整理を行う．

2-2-1.「退耕還林・還草」政策に関する先行研究[注11)]

中国では1999年代以降，砂漠化・草原退化などの生態環境の悪化がますます深刻化し，被害が拡大した．中央政府は生態環境の改善を目的として，「退耕還林・還草」政策を打ち出した．「退耕還林・還草」政策においては，その一環として「禁牧・休牧」プロジェクトも行われている[注12)]．これら施策の実施後，放牧の禁止や制限，植林によって生態環境が改善されたことが多くの先行研究で報告されている（例えば，佐藤ら 2012[注13)]）．以下では，農牧民の経営および生活に焦点を当てた先行研究について整理する．

段・伊藤（2003）は，内モンゴル・ウランチャブ盟の2つの村で実施したアンケート調査の結果より，政策の課題として，政策の一貫性と長期性を図ること，経営転換の時間および技術・資金援助を図ることにより，自立経営農家の育成を図っていくことの重要性を指摘している．大島・後藤（2003）は，政策の補助金が打ち切りとなれば，開発の遅滞により困窮した農民は「退耕」を放棄して傾斜地の耕作や家畜の放牧を再開するなど，政策自体の継続が危ぶまれる危険性について指摘している．鬼木ら（2007）は，多くの農家は，生産物の転換や集約化，副業の増加などを行うことで家計の所得を安定化させていることを明らかにし，もし退耕後に農業の生産様式の転換と副業収入の増加がうまくできれば，補助金収入がなくても平均的な農家所得が維持される可能性があることを指摘している．吉・小野（2009）は，ソニド左旗草原地域における牧畜農家は，経営利益を追求するため，山羊や綿羊の飼養頭数を増加させる傾向にあるとともに，禁牧されている草地において，罰金を支払ってまで山羊や綿羊の過放牧を続ける農家も存在していることを明らかにしている．呉（2009）は，ホルチン左翼中旗の住民を対象に行った政策実施後の住民の収入に関するアンケート調査の結果より，「増加した」割合が38.2%，「減少した」割合は14.8%であり，好意的に受け入れられていることを明らかにする一方で，地下水の過剰な消費を招いていることを指摘し，乾燥地域においては持続的な政策ではないと述べている．

2-2-2.「生態移民」政策に関する先行研究

「生態移民」は，生態環境の保護・保全および改善を目的として，環境が劣悪な地域の農牧民を都市部近郊や政府が建設した移民村に移住させる政策である.「生態移民」政策は,「退耕還林・還草」政策や「退牧還草」政策と同時に実施されることが多い.「生態移民」政策の実施において，移民を強制させられた人々のなかには, 恩恵を受けたものもいれば, 逆に損害を被ったものもいる. 以下では, 農牧民の経営および生活に関する先行研究について整理する.

鬼木・根鎖（2005）は，内モンゴルオルドス市における 21 戸を対象とした生態移民調査により，強制的移住を強いられた農家は任意による移住の農家と比べ, 所得の低下が大きいことを明らかにしており，資本や土地の不足ならびに技術に関する知識や情報の不足を解消させることが所得増大のために必要であると述べている．また，児玉（2005）は，放牧飼育から畜舎飼育への飼養形態の転換により，移民村に移民した農牧民の収入が低下すること，飼料作物や経済作物を栽培するために灌漑設備を拡大していくと地下水資源が枯渇してしまう危険性について指摘している．スエー（2005）は牧民の生業変化について事例分析を行った結果，酪農業の出現に伴う草原開墾，水資源開発による環境問題や酪農経営の不安定化などの課題について言及している．ガンバガナ（2006）は，内モンゴルの 3 つのガチャー（村）の 114 世帯を対象に聞き取り調査を行った結果, 政策実施後, 90%の家庭で所得が減少していること，また所得が 50-80%減少した家庭は 70%にも及んでいることを明らかにしている．草野・朝克図（2007b）は，移民政策の結果, 短期的な所得水準は向上したことを明らかにしているが, その要因として, 移民前の草地を利用した過放牧の存在を指摘しており，草原保全のために山羊の連れ帰りを禁止すれば，移民の所得水準は急激に低下する可能性があることを指摘している.

他方，貧困対策としての酪農生産に関して，達古拉（2007）は内モンゴルのソニト右旗における生態移民農家 19 戸を対象に聞き取り調査を行った結果より, 移民村の酪農家の経営は，牛乳の販売収入に比べ，購入飼料費の割合が高く，経営が圧迫されている状態にあることを明らかにしている．那木拉（2009）は，政策実施による移民たちの生活は，経済的側面での影響のみならず，生活環境の悪化に加え, 伝統的な文化の側面でも多大なる影響を受けていることを指摘している. 鬼木ら（2010）は，2005 年および 2006 年において，内モンゴル自治区内のチャハル 143 戸，スニト 50 戸，フフホト 100 戸の計 293 戸の酪農家を対象に，酪農生産における技術効率性の推計を行った結果，生態移民村の技術効率性は，伝統的な酪農村に比べて低いことを明らかにしている．また，飼料や労働の投入量を同じになるようにコントロールしても搾乳牛一頭当たりの乳量が少ない問題を指摘しており，伝統的な酪農村ではコニュニティーに技術の蓄積が多くあるが，生態移民村にはそのような技術の蓄積が少ないこと，粗飼料生産のための耕地が十分に確保されていないことを指摘している．長命・呉（2012）では，生態移民後から酪農経営を継続している農家および酪農部門から他の部門へと経営の転換を行った農家を対象に聞き取り調査を実施し，生態移民後の経営実態を明らかにするとともに，移民村存続への課題を検討している．また，長命（2013）では，移民村における酪農家を対象に実施したアンケート調査の結果より，移民前後の農家所得の変化状況，乳牛の飼養環境の変化およびそれらの変化に影響を及ぼしている飼養管理の諸要因を明らかにしている．

3. 本書の目的

本書では，中国内モンゴルにおける酪農経営の経営状況および経営を取り巻く諸政策の実施を踏まえ，経済発展および環境保全を両立させ，持続的発展に資する方策について検討を行っていくことを目的とする．

具体的には，中国内モンゴルにおける酪農生産および環境保全政策の現状を整理したうえで，本書では，以下の課題について検討を行う．

第 1 の課題は，「農業産業化」政策などの経済発展政策および「生態移民」政策，「退耕還林・還草」政策，「禁牧」などの環境保全政策の実施により，内モンゴルの農業生産は大きな構造変化を見せていることが考えられるため，それら農業生産の構造変化を明らかにしたうえで，農牧民所得に影響を及ぼす要因の解明を行うことである．

第 2 の課題は，経済発展と環境保全の両立を目指した「生態移民」政策実施において，移民村へ移住し，そこで乳牛飼養を強いられている酪農経営を対象に，乳牛飼養技術や経営方針などが，個別経営の持続性にいかなる影響を及ぼしているのかを明らかにすることである．ここでは，個別経営のみならず，移民村の持続可能性に関しても地域・農村計画の視点からの検討も行う．

第 3 の課題は，メラミン事件を契機に，酪農生産における飼養管理およびリスク管理への重要性が高まっている状況を踏まえ，乳業メーカーおよび酪農経営の両者の対応関係性を明らかにし，飼養管理およびリスク管理の方策を検討することである.

第4の課題は，第3の課題と同様に，メラミン事件を契機として牛乳に対する消費者の不信感が高まっている状況を踏まえ，消費者を対象に，牛乳の安全性・リスクに対する意識を明らかにし，牛乳消費拡大の方策を検討することである.

4. 本書の章別構成

図1は，本書における章別構成のフローチャートを図示したものである．各章の概要に関しては後ほど述べることとし，ここではフローチャートに記すキーワードを用いて，本書の全体像を描くこととする.

改革開放以降，中国は社会主義のもとで市場経済および競争原理が導入されたことにより，経済格差などの三農問題および砂漠化などの環境問題を引き起こす

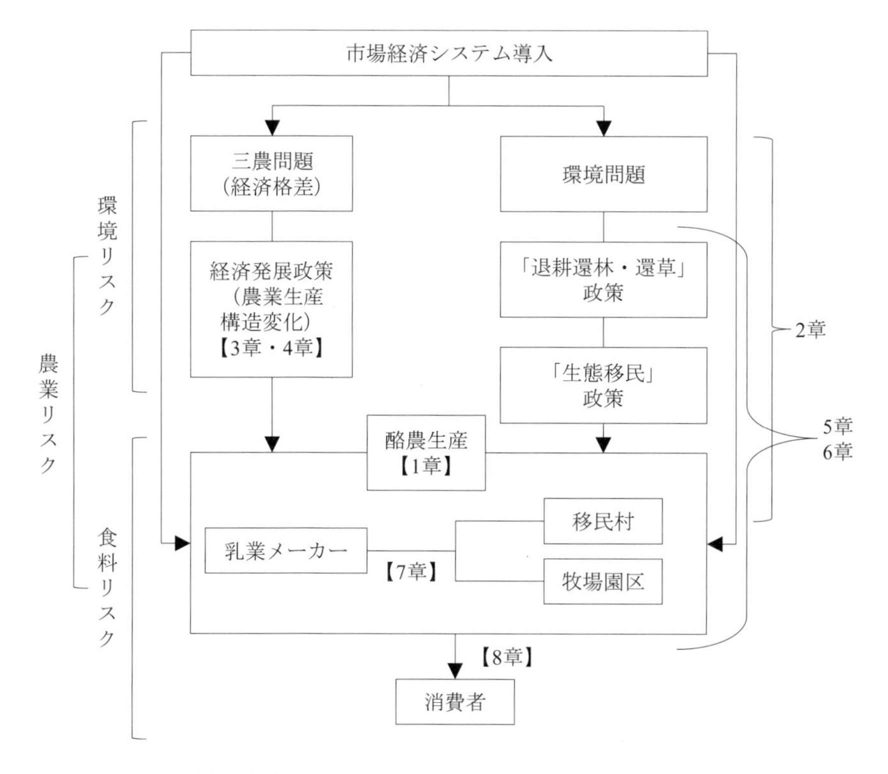

図1　本書における章別構成のフローチャート

こととなった．特に内モンゴルにおいてはその影響が大きいものとなっている．そうした問題の解決策の一つとして，酪農生産の発展を基軸とし，経済発展および環境保全の両立を目指した施策が講じられている．そのため，成長著しい内モンゴルの酪農生産を取り上げ，中国での位置づけおよび生産動向を第1章では明らかにしている．また，環境保全対策に関する動向を第2章で述べている．

内モンゴルでは，2000年前後より「農業産業化」政策など様々な施策が実施されており，農業生産構造は急速ない勢いで変化している．また，それらの変化に呼応し農牧民所得にも変化が見られることが考えられる．そうした内モンゴルの生産構造の変化に関して，統計資料を用いてマクロ的な視点より検討したのが第3章および第4章である．

他方,「退耕還林・還草」政策や「生態移民」政策などが実施され，これまでの生活が一変した人々が数多くいる．施策実施により，人々の生活および経済活動はどのように変化したのかについて，アンケート調査および事例調査を実施し，酪農経営の課題および移民村の存続について検討したのが第5章および第6章である．なお，これらの章では移民を強いられた人々や移民村を取り巻く，環境リスク，食料リスクおよび農業リスクも考慮し検討を行っている．

さらに，メラミン事件以降の内モンゴル酪農経営を取り巻く，乳業メーカーと酪農生産者との対応関係，具体的には酪農経営における取引関係，生産管理およびリスク管理について検討を行っているのが第7章である．また，それら生産された牛乳の安全性およびリスクに対する意識を明らかにするために，内モンゴルの大学生を対象にアンケート調査を実施し，牛乳消費の現状と今後の普及拡大のための方策を検討しているのが第8章である．

本書の特徴は，中国内モンゴルにおける酪農経営および経営を取り巻く諸政策の実施の状況を踏まえ，経済発展および環境保全を両立させ，持続的発展の可能性について検討していることであり，その際，農業・環境・食料に着目し，そこに潜む多様なリスクを考慮し検討を行っていることである．

なお, 本書におけるそれぞれの章は, 既に刊行されている論文などを基に加筆・修正を行ったものであり，各章ごとに完結する内容のものとなっている．そのため，本書を通じて，分析方法や先行研究のレビューなど，一部重複する箇所があることを予めお断りしておく．

前節で述べた本書の目的および課題を踏まえ，以下の章別構成で課題の解明を試み，目的への接近を行う．

第1章および第2章では，中国・内モンゴルにおける酪農生産および環境保全政策の現状について整理を行っている．これらの章での記述は，本書の目的である経済発展および環境保全を両立させ，継続的発展のための方策を検討するための社会的背景を描写するものとなっている．なお，第1の課題に対しては第3章および第4章で，第2の課題に対しては第5章および第6章で，第3の課題は第7章で，第4の課題は第8章でそれぞれ述べている．

第1章では，中国における酪農生産の現状を概観したうえで，内モンゴルの酪農生産の現状および生産構造の特徴を明らかにすることを目的としている．具体的には，各種統計資料を用いて，可能な限り中国および内モンゴルの酪農生産の特徴を描写することを試みた．近年の動向として，内モンゴルを含む中国における主要酪農生産地域において，小規模零細酪農経営が生産構造の大宗を担ってきたこと，酪農生産の成長に寄与してきたことを明らかにするなかで，1000頭以上の乳牛を有するメガファームが出現してきている実態について述べている．さらに，そうした内モンゴルの酪農生産に関しては，乳業メーカーとの取引形態において，システムの多様化が見られることについて検討している．

第2章では，近年，中国内モンゴルにおいて実施されている経済発展および環境保全に関する施策に関して，社会的背景および問題の所在についての整理を行っている．急速な経済成長をみせている中国であるが，その代償として，砂漠化や生態環境の悪化など，様々な環境問題が顕在化することとなった．そうした環境問題を解決するために，政府は，砂漠化を含む生態環境の悪化防止および環境保全を目的とした「退耕還林・還草」政策および「生態移民」政策を実施している．「退耕還林・還草」政策は「西部大開発」のなかで，重要な国家戦略として位置づけられ，社会・経済発展と生態環境との調和が掲げられている．本章では，これらの諸政策に着目し，先行研究の整理を行い，社会的背景および問題の所在について検討を行っている．

第3章および第4章は，第1の分析課題を解明するために，内モンゴルにおける農業生産構造の変化について分析を行っている．両章では，「農業産業化」政策などの経済発展政策および「生態移民」政策や「退耕還林・還草」政策などの環境保全政策が行われた後の2000年および2007年の2時点を取り上げ，農業生産構造の変化を分析し農牧民所得に影響を及ぼす要因の解明を行っている．

第3章では，中国の経済発展政策および環境保全政策の実施の影響により，内モンゴルにおける農業生産構造に変化が生じているとの仮説のもと，農業生産における構造変化の解明および農牧民所得に影響を及ぼす要因を明らかにすることを目的としている．具体的には，急速な経済発展や資本投下の増加に伴い，伝統的，粗放的な生産方式から収益性と投下資本の有効活用を重視する近代的・集約的な生産方式への転換が図られたか否か，転換が図られたとすれば，どのような作物および家畜に転換したか，そうした変化は農牧民所得にいかなる影響を及ぼしたのかについて検証している．農業生産構造の把握に関しては，主成分分析を用いて，その生産構造の構造変化を明らかにしている．また，農牧民所得に寄与している要因の解明には，パス解析を用いた分析を行っている．

第 4 章においては，内モンゴルにおける農業生産構造に関して，牧区（33 地域）および半農半牧区（37 地域）を対象に，よりミクロな視点で分析を行っている．第 3 章においては，内モンゴル全域を対象に 2000 年および 2007 年の農業生産構造の構造変化および農牧民所得に寄与している要因を明らかにしたが，第 4 章では，農業生産構造の変化は，地区区分により異なるものであるとの視点に立ち，細分化した区分での分析を行った．分析に用いた資料および方法は，第 3 章と同様のものである．

第 5 章および第 6 章では，第 2 の分析課題を明らかにするため，「生態移民」政策実施による移民農家の所得を含む家畜飼養の現状を明らかにしたうえで，持続的な酪農経営の方策について検討を行っている．具体的には，移民村に移住してきた農牧民の家畜飼養および生活様式に関し，移民前後の変化を明らかにすることで，施策実施のあり方について検討を行っている．また，これらの章では，酪農生産の持続性に関しては，移民村存続の課題とも密接に関係しているため，農業リスクおよび食料リスクも含め検討を行っている．

第 5 章は，2000 年より開始された「西部大開発」において，主要なプロジェクトの一つとして実施された「生態移民」政策に着目している．「生態移民」政策では，都市近郊や環境条件の良い地域に移民村と呼ばれる居住地と畜舎が併設された村を建設し，環境が脆弱な地域で家畜飼養や放牧を行っていた農牧民を移民村に移住させ，経済性の高い乳牛を飼養させることで，貧困からの脱却が図られている．「生態移民」政策が実施された地域において，政策の開始当初，掲げられていた目標の達成，特に貧困からの脱却という点に関しては，課題が山積しているといえる．本章では，内モンゴルで「生態移民」政策が実施された移民村における酪農家を対象に実施したアンケート結果をもとに，移民した農家の実態を明らかにしている．具体的には，移民前後の農家所得の変化，乳牛の飼養環境の変化およびそれらの変化に影響を及ぼしている飼養管理の諸要因を明らかにしている．

第6章は，「生態移民」政策実施による生態移民の生活において，近年，乳牛以外の家畜を飼養する農家や農産物加工を行う農家，移民前の土地に戻る者が現れている状況に着目し分析を行っている．移民村に移住してきた人々は，酪農生産のみでは生計を立てていくことは難しく，何らかの手段を講じないと所得の確保・生活の維持ができない状況となっている．本章では，生態移民後から酪農経営を継続している農家および酪農部門から他の部門へと経営の転換を図った農家を対象に聞き取り調査を行い，生態移民後の経営実態を明らかにしたうえで，移民村での経営継続および移民村存続の課題について検討を行っている．

第7章は，第3の分析課題を明らかにするため，乳業メーカーと酪農経営との取引関係およびリスク対応について検討を行っている．具体的には，内モンゴルでは，従来の黄牛を中心とした家畜飼養と農業との複合型酪農経営に代わって，農家が企業と契約を結び酪農生産を行う，いわゆる私企業リンケージ型（PEL）の酪農経営が都市近郊を中心に増加している状況に着目し，乳業メーカーと酪農経営との支援策などの対応関係および酪農生産に係るリスク対応について検討を行っている．本章では，中国最大の乳業メーカーである伊利集団との間で契約生産を行っている酪農経営との関係について明らかにしている．

第8章は，第4の分析課題を明らかにするため，牛乳の安全性およびリスクに対する消費者意識を明らかにしている．メラミン事件以降，牛乳・乳製品の安全性およびリスクに対する消費者の関心が高まっている．その一方で，中国政府は，消費者の信頼を取り戻し，安全・安心な酪農生産を行うため，酪農の規模拡大を促進し，規模に応じた中長期的な支援策や食品の安全確保に対する取り組みを実施している．そうした状況下において，本章では，内モンゴルの大学生を対象に牛乳の購買行動を明らかにしたうえで，牛乳の安全性・リスクに対する意識を明らかにしている．さらにそれらの結果より，消費拡大に向けた課題についての検討を行っている．

最後，終章では本書の要約と今後の展望について述べている．

注 1）三農問題は，農業の低生産性，農村の荒廃，農民の貧困の問題の総称であり，都市部と農村部の所得格差が拡大し，中国の持続的発展の不安定要因となっている．この解決には，財政制度，社会保障制度，戸籍制度等の二重社会構造の改革と土地の集約化・流動化・生産構造の調整・流通改善等が必要であると甲斐（2005）は指摘している．

また，三農問題について大島（2011）は以下の問題について言及している．

①農民問題：中国特有の都市への移住制限である戸籍管理制度（「戸口制度」）の存在．この制度によって農村の巨大な余剰労働力の都市への移住が妨げられ，農民の低所得をもたらし，都市での差別が固定化されている．

②農村問題：農村の教育，社会資本，医療等のインフラ整備全般の遅滞．農村の地域行政組織は補助金制度の欠陥から慢性的な歳入不足に陥り，長期にわたってインフラ投資を最低限にとどめざるを得なかった．この結果，改革・開放政策によってインフラ整備が急速に進んだ都市との格差が拡大している．

③農業問題：農業自体の低生産性（特に，零細経営規模が主要因）に基づく農家経済・農村経済の不振．この結果，都市住民と農民の所得格差も広がる一方である．

注 2）なお，梶田（2013）は，中国国民は，政府がいかに安全な食品を食卓に提供するための体制を整備してくれるかに関心をもっているが，農業生産者においては安全な農畜産物や食品を作りたくても，全国的な土壌・水質・大気汚染などの環境悪化により，その生産が困難な状況となっていることを指摘している．

注 3）南石（2012）は，農業が関係する主な食料汚染リスクは，食用農産物汚染リスクであり，食品リスクと密接に関連していることを指摘している．

注 4）1980 年代に提唱された生態農業ビジョンは有力なオルタナティブ農業論として注目され，国の農業環境政策のなかに位置づけられ，退耕還林・退耕還草などと並んで政策的奨励モデルとなっている（姜麗花 2006）．また，姜麗花（2006）は生態農業に関して，「地域の資源条件に応じ，伝統的な中国農業の成果と近代的科学技術を利用し，生態学と経済学の原理によって，システム工学の方法を応用して生態プロジェクトを設計し，経済・生態・社会利益を同時に達成しようとする農業方式である．それは農業各部門の結合を求め，作物栽培と林業，牧畜業，漁業，その他の事業部門を互いに結合させ，さらには農業などの第一次産業と工業などの第二次産業及び第三次産業を互いに結合することで地域社会と地域経済が発展することを目標とする．」と述べている．

注 5) 内モンゴルにおける牧畜業・牧畜地域の問題は「三牧問題（牧民・牧畜業・牧区に関する問題)」として捉えられ，2002 年より，牧畜業産業化が推進され「三牧問題」の改善が期待されている．また，牧畜業産業化とは，耕畜連携，生産・加工・流通・販売のサプライチェーンの拡充，牧畜経営の集約化・効率化などの推進により，「高生産，高品質，高効果」を目標とした牧畜業への構造調整を促し，生態系を保全しつつ，牧畜地域の発展を目指すものである（阿拉担沙・千年 2012）．

注 6) 本書における農牧民は，遊牧，牧畜，農耕の少なくともいずれか一つを生業としている人々のことを指し，広義の意味として用いている．

注 7) 中国における農業産業化に関する研究は，姜（2005），陳（2008），池上・寶劔（2009）が詳しい．

注 8) 例えば，韓・千年（2008）は，農業産業化が農家経済にどのような影響を与えているのか，山東省の煙台市と濰坊市を事例に分析を行った結果，産業化は両地域の農業所得増加に寄与していることを示唆するとともに，契約状況が影響していることを明らかにしている．また，調査地域により，農業所得に対する影響に相違がみられることを指摘している．

注 9) メラミン事件を契機とした消費者における牛乳および乳製品の消費行動およびリスク意識に関する研究としては，徐ら（2010），李ら（2015）が挙げられる．また，内モンゴルの大学生を対象に，牛乳の安全性およびリスクに対する意識を明らかにした研究として，長命ら（2017）が挙げられる．

注 10) 諸政策における社会的背景および動向，課題に関しては，長命（2016）が詳しい．

注 11)「退耕還林・還草」政策は，急傾斜地や砂漠化が生じやすい半乾燥地において無理な耕作を中止（退耕）し，土地を本来の森林や草地に戻すことを目的とした環境政策である．

「退牧還草」は，草原の退化が深刻な地域において，放牧を中止（退牧）し，土地を本来の草原に戻すことを目的とした環境政策である.「退牧還草」事業の方法は，一定期間，放牧することを完全に禁止する「禁牧」と，牧草が萌芽から結実するまでの期間内において放牧を禁止する「休牧」，自然状況や人為的判断に基づき牧草地をいくつかの単位に区切り，順次牧草地をかえて放牧する「区画輪牧」の三つに分類される（淡野・淡野 2011）．

また，「退耕還林・還草」政策は，1999 年に陝西省，甘粛省と四川省で試行され，2002 年に全国的に正式に実施された後，牧畜地域において「退牧還林」政策が提起され，2003 年から実施された．退耕還林政策は全国 25 の省において行われたのに対し，「退牧還草」政策は西部大開発のなかで陝西省，重慶市，貴州省と広西壮族自治区を除く 8 つの省で行われている（巴圖・小長谷 2012）．

なお，本書では「退耕還林・還草」政策および「退牧還草」政策の両者を含むものとして「退耕還林・還草」政策と記す．

注 12）「禁牧・休牧」に関する研究として，韓ら（2008）は，内モンゴル自治区の農牧交錯地帯における「禁牧・休牧」プロジェクト実施後の畜産経営構造の変化を分析している．その結果，放牧利用の小家畜が減少し，畜舎飼養の家畜が急増していること，またそれに伴う施設整備が進んだこと，耕地はトウモロコシなどの飼料生産が中心となっていることなど，生産構造が変化したことを指摘している．

また，草野・朝克図（2007a）は，「禁牧・休牧」政策は，比較的貧しい農村では厳守されないうえに，所得向上の制約となっていることを指摘し，地域に適した生産方式の改善が重要であるとし，施策の見直しおよび草原利用緩和の必要性について言及している．

注 13）佐藤ら（2012）は，退耕還林前後の植生回復は植林そのものの効果のみならず，禁牧による自然植生の回復効果が大きかったことを指摘している．

引用文献

阿拉坦沙・淵野雄二郎・千年　篤（2011）:「中国内モンゴル自治区の牧畜業産業化の発展方向と問題点」,『畜産の研究』，65（9），pp.917-923.

阿拉担沙・千年　篤（2012）:「内モンゴルの牧畜業の持続的発展方向に関する検討—「連戸牧場」を事例として—」,『東北アジア研究』，23，pp.129-149.

巴圖・小長谷有紀（2012）:「中国における生態移民政策の執行と課題—内モンゴル自治区を中心に—」,『人文地理』，64（1），pp.41-54.

包　翠栄・胡　柏（2012）:「内モンゴルにおける小規模酪農家の経営実態とメラミン事件の影響：フフホト市近郊の事例から」,『農林業問題研究』，48（1），pp.47-51.

陳　鍾煥（2008）:『中国農業「保護」政策の開始と農業「産業化経営」の役割—中国農業の商品経済化への対応と吉林省農業—』，批評社，206pp.

長命洋佑・呉　金虎（2011a）:「中国内モンゴル自治区における私企業リンケージ（PEL）型酪農の現状と課題—フフホト市の乳業メーカーと酪農家を事例として—」,『農林業問題研究』，46（1），pp.141-147.

長命洋佑・呉　金虎（2011b）:「中国内モンゴル自治区における農業生産構造の規定要因に関する研究」,『システム農学』，27（3），pp.75-90.

長命洋佑・呉　金虎（2012）:「中国内モンゴル自治区における生態移民農家の実態と課題」『農業経営研究』，50（1），pp.106-111.
長命洋佑（2012a）:「中国内蒙古自治区における農業生産構造の変化が農家所得に及ぼす影響」，『地域学研究』，42（2），pp.223-240.
長命洋佑（2012b）:「中国内モンゴル自治区における乳業メーカーと酪農家の現状と課題」『地域学研究』，42（4），pp.1031-1044.
長命洋佑（2013）:「中国内モンゴル自治区の牧畜地帯における酪農経営の実態と課題―シリンゴル盟の2村を事例として―」，『龍谷大学経済学論集』，52（3），pp.201-216.
長命洋佑・南石晃明（2015）:「酪農生産の現状とリスク対応―内モンゴルにおけるメラミン事件を事例に―」，南石晃明・宋　敏編著『中国における農業環境・食料リスクと安全保障』，花書院，pp.75-101.
長命洋佑（2016）:「中国内モンゴル自治区における環境問題への取り組み」，『農業および園芸』，91（11），pp.1085-1097.
長命洋佑（2017）:「牛乳の安全性・リスクに対する消費者意識―内モンゴル自治区の大学生を対象としたアンケート分析―」，『農業および園芸』，92（2），pp.97-112.
達古拉（2007）:「「生態移民」政策による酪農経営の課題」，『アジア研究』，53（1），pp.58-65.
達古拉（2014）:「内モンゴルにおける乳製品に関する主要な安全問題と原因分析」，『GLOCOLブックレット』，16，pp.65-79.
段力宇・伊藤忠雄（2003）:「退耕政策による農業経営の変化と課題に関する考察―内モンゴル・ウランチャブ盟の事例を中心に―」，『農業経営研究』，41（2），pp.138-142.
杜　春玲・松下秀介（2010）:「中国内モンゴル自治区における農牧畜業地帯の特徴―経済地帯区分の視点から―」，『農業経営研究』，48（1），pp.101-106.
ガンバガナ（2006）:「強いられた旅：内モンゴルにおけ「生態移民」政策」の実態について―シリンゴル盟ショローンフフ旗を事例として―」，「研究報告」編集委員会編『旅の文化研究所研究報告』，15，pp.67-79.
呉　秀青（2009）:「内モンゴルの乾燥地域における「退耕還林政策」と食糧増産政策の実際ホルチン左翼中旗A鎮を事例に」，『水資源・環境研究』，22，pp.37-46.
韓　春花・千年　篤（2008）:「中国における契約農家の農家経営に与える影響―山東省煙台市・濰坊市を事例にして－」，『農業経営研究』，46（1），pp.189-194.
韓　柱・鄭　青・安部　淳・周　忠（2008）:「中国内モンゴルにおける「禁牧・休牧」と畜産経営－農牧交錯地帯を対象に－」，『農業市場研究』，17（1），pp.80-85.
哈斯図雅・千年　篤（2012）:「中国における「農業産業化経営」の農家所得に与える影響」，『農業経営研究』，50（2），pp.84-89.
何　海泉・渡邉憲二・茅野甚治郎（2011）:「中国における牛乳流通経路の組織間関係に関する研究」，『農業経営研究』，49（3），pp.109-114.
池上彰英・寳劔久俊編（2009）:『中国農村改革と農業産業化　アジ研選書No.18　現代中国分析シリーズ3』，日本貿易振興機構アジア経済研究所，266pp.
石川武彦（2014）:「中国における「生態農業」の取組―生態農業の産業化に向けた実践事例―」，『立法と調査』，353，pp.86-95.
吉雅図・小野雅之（2009）:「中国・内モンゴルにおける草原保護政策下での牧羊経営の変化―シリンゴル草原地域を事例として―」，『農林業問題研究』，45（2），pp.212-217.
甲斐　諭（2007）:「現代中国の三農問題と60年代日本の農業政策―生産と流通の近代化の提言―」，『九州大学アジア総合政策センター紀要』，2，pp.5-16.
姜　春雲編著（2005）:『現代中国の農業政策』，家の光協会，295pp.
梶田幸雄（2013）:「中国の食品安全管理体制と法整備」，『中国研究』，21，pp.1-28.
河村能夫・唐　倩（2013）:「中国農業構造における内モンゴル農業の特徴―資本投資と生産性の関係性からみた中国農業生産構造の統計分析―」，河村能夫編著『経済成長のダイナミズムと地域格差―内モンゴル自治区の産業構造の変化と社会変動―』，晃洋書房，pp.21-39.

木南莉莉著（2010）:『中国におけるクラスター戦略による農業農村開発』，農林統計出版，144pp.
児玉香菜子（2005）:「「生態移民」による地下水資源の危機―内モンゴル自治区アラシャー盟エゼネ旗における牧畜民の事例から―」，小長谷有紀・シンジルト・中尾正義編『中国の環境政策―生態移民―緑の大地，内モンゴルの砂漠化を防げるか？』，昭和堂，pp.56-76.
小宮山博・杜　富林・根　鎖（2010）:「中国・内モンゴル自治区の酪農経営の実態―フフホト市近郊酪農家を対象に―」，『農業経営研究』，48（1），pp.95-100.
小宮山博（2011）:「急成長を遂げた酪農の現状と課題―内モンゴル自治区を事例に―」，銭小平編著『中国農業のゆくえ　JIRCAS の中国農業・社会経済調査研究』，農林統計協会，pp.135-151.
草野栄一・朝克図（2007a）:「中国内蒙古自治区における草原環境保全政策と牧畜経営－オルドス市における禁牧農村の事例分析－」，『開発学研究』，17（3），pp.17-24.
草野栄一・朝克図（2007b）:「中国内蒙古自治区における生態移民政策の効果と課題―オルドス市における貧困削減・草地保全戦略の事例―」，『開発学研究』，18（1），pp.48-52.
李　東坡・長命洋佑・南石晃明・宋　敏（2015）:「食品安全に対する消費者の意識・行動」，南石晃明・宋　敏編著『中国における農業環境・食料リスクと安全確保』，花書院，pp.52-74.
姜　麗花（2006）:「中国における生態農業の展開に関する経営類型別の考察―集団型経営展開と個人農民型経営展開の対比―」，『農業経営研究』，44（2），pp.105-109.
南石晃明編著（2011）:『食料・農業・環境リスク』，農林統計協会，310pp.
南石晃明（2012）:「食料リスクと次世代農業経営―課題と展望―」，『農業経済研究』，84（2），pp.95-111.
那木拉（2009）:「牧畜民から生態移民民へ―内モンゴル・シリーンゴル盟を事例として―」，『人文社会科学研究』，18，pp.111-128.
能美　誠・郭　世明・秦　志宏（2011）:「中国内蒙古自治区内の農林牧漁業の土地・労働生産性水準と生産性格差生起要因に関する考察」，『農業経営研究』，49（2），pp.152-157.
鬼木俊次・根　鎖（2005）:「生態移民における移住の任意性―内モンゴル自治区オルドス市における牧畜民の事例から―」，小長谷有紀・シンジルト・中尾正義編『中国の環境政策―生態移民―緑の大地，内モンゴルの砂漠化を防げるか？』，昭和堂，pp.198-217.
鬼木俊次・加賀爪優・余　勁・根　鎖（2007）:「中国の「退耕還林」政策が農家経済へ及ぼす影響」，『農業経済研究』，78（4），pp.174-180.
鬼木俊次・加賀爪優・双　喜・根　鎖・衣笠智子（2010）:「中国内モンゴルにおける生態移民の農家所得と効率性」，『国際開発研究』，19（2），pp.87-100.
大島一二・後藤直世（2003）:「山西省における「退耕還林」政策の実施と農村経済：環境保護と貧困農村」，愛知大学現代中国学会編『中国 21』，17，pp.157-166.
大島一二（2011）:「三農問題の深化と農村の新たな担い手の形成」，佐々木智弘編『中国「調和社会」構築の現段階』，アジア経済研究所，pp.77-110.
薩日娜(2007):「内モンゴル半農半牧地区における酪農業の現状と展望―興安盟を事例に－」，『農業経営研究』，45（1），pp.103-108.
薩日娜・淵野雄二郎・千年　篤（2009）:「中国内蒙古酪農経営の変容と今後の発展方向」，『畜産の研究』，63（7），pp.715-720.
佐藤廉也・賈　瑞晨・松永光平・縄田浩志（2012）:「退耕還林から 10 年を経た中国・黄土高原農村―世帯経済の現況と地域差―」，『比較社会文化』，18，pp.55-70.
関崎　勉（2014）:「未来の畜産物の安全・安心」，『畜産の研究』，68（4），pp.452-456.
スエー（2005）:「「生態移民」による新たな草原開拓―内モンゴル自治区シリンゴル盟鎮黄旗における牧畜民の事例から―」，小長谷有紀・シンジルト・中尾正義編『中国の環境政策　生態移民―緑の大地，内モンゴルの砂漠化を防げるか？』，昭和堂，pp.77-96.
淡野明彦・淡野寧彦（2011）:「中国内モンゴル自治区における「退牧還草」政策による牧畜

（遊牧）業の変化に関する考察」,『奈良教育大学紀要（人文・社会）』, 60（1）, pp.49-62.
矢坂雅充（2008）:「中国，内モンゴル酪農素描―酪農バブルと酪農生産の担い手の変容―」,『畜産の情報』, 230, pp.64-84.
矢坂雅充（2013）:「中国酪農の変貌」, 農村と都市部をむすぶ編集部編『都市と農村をむすぶ』, 744, 全農林労働組合出版, pp.39-50.
呉　金虎（2004）:「中国内モンゴル自治区における農業生産力の立地に関する要因分析:2000年の旗レベルにおける横断分析」,『龍谷大学経済学論集』, 44（2）, pp.1-19.
烏雲塔娜・福田　晋（2009）:「内モンゴルにおける生乳の流通構造と取引形態の多様化―フフホト市を対象にー」,『九州大学大学院農学研究院学芸雑誌』, 64（2）, pp.161-168.
烏雲塔娜・福田　晋・森高正博（2012）:「メラミン問題を契機とした内モンゴルにおける生乳取引構造の変化」,『農業市場研究』, 20（4）, pp.24-30.
徐　芸・南石晃明・曾　寅初（2010）:「中国における食品安全問題と消費者意識」南石晃明編著『東アジアにおける食のリスクと安全確保』, 農林統計出版, pp.101-119.
張　瑞珍（2004）:「中国竜頭企業の産業化戦略と農村経済の活性化―内蒙古自治区赤峰市を実例として―」,『2004年度日本農業経済学会論文集』, pp.421-427.

第1章　中国内モンゴルにおける酪農生産の動向

1. はじめに

中国における酪農は，古くは中国北部や西部地域で暮らしていた少数民族地域の遊牧民が飼養していた黄牛やヤクを搾乳し，その乳を乳製品に加工して利用するのが主な形態であった．そのため中国では，少数民族を除いて生乳・乳製品を消費する習慣はなかった．酪農・乳業が国家の産業として，また消費者の消費対象として位置づけられたのは，ここ20～30年のことであり，極めて新しいものである．

1978年の改革開放以降，急速な経済発展による生活水準の向上や食生活の多様化，都市部を中心とした牛乳・乳製品の消費拡大により，酪農生産および乳業メーカーは著しく成長した．そうした成長要因の一つとして，中国政府による政策の実施が挙げられる．1989年，国家評議会は，酪農・乳業を国家経済の発展を推進するための重要な産業として位置づけ，融資，技術，インフラ支援などの政策を確立した．さらに1997年，国務院は牛乳の飲用による国民の健康増進を図ることを目的に「全国栄養改善計画」を公表し，酪農・乳業を重点的発展産業とした．2000年には，小・中学生に対する牛乳・乳製品の摂取を促進し，身体の発育・発達と牛乳・乳製品の消費拡大などに資するため「学生飲用乳計画」を実施した．またその一方で，経済発展による所得向上・生活水準向上に伴う食生活の多様化，中央および地方政府などによる生乳・乳製品の栄養価値に関する普及・啓蒙活動などが相まって，都市部を中心に生乳・乳製品の消費は大幅に増加した（長谷川・谷口 2010）．

以上のように，2000年以降，中国では中央政府によって酪農・乳業生産が国家経済の発展推進のための重要産業と位置づけられ，インドや米国に次ぐ世界第3位の生乳生産国へと成長した[注1]．また，近年では，酪農・乳業生産を三農問題の解決に向けた手段の一つとして，農家の増収と日々の収入確保のための方策として，中央および地方政府が酪農生産を推奨している．そうした中国の酪農生産において，近年，著しい成長をみせているのが内モンゴルである．

本章では，中国における酪農生産の現状を概観したうえで，内モンゴルの酪農生産の現状および生産構造の特徴を明らかにする．具体的には，統計資料の整理により，可能な限り中国の酪農生産および内モンゴルの酪農生産の特徴を描写することを試みる．以下，次節では，中国の酪農生産の現状について概観する．第3節では，内モンゴルにおける酪農生産の現状およびその流通構造を明らかにする．最後，第4節では，本章のまとめとして，中国内モンゴルにおける酪農生産の特徴を整理し，今後の課題について検討を行う．

2. 中国の酪農生産の動向

2-1. 中国における酪農生産

表1-1は，中国における農畜産物生産の推移を示したものである．農業生産額は増加傾向で推移しており，2000年に2.4兆元であった生産額は2014年には10兆元を超えている．畜産物生産額に関しても2000年は0.7兆元であったが，2014年には2.9兆元へと増加している．その一方で，畜産物の生産額比率は2008年の35.5%をピークに減少傾向にある．とはいえ，中国の農業生産において，畜産は重要な位置を占めているといえる．

次いで，家畜の飼養頭数を見てみる．豚に関しては2000年以降，一時期減少傾向がみられたが，ここ数年は46,000～47,000万頭台で推移している．また，山羊は2000年以前は急激な増加をみせていたが，近年は大きな変動はみられず，2010年以降は14,000万頭台で推移している．綿羊は2005年をピークとし，2009年までは減少傾向であった．しかし，近年は増加傾向で推移しており，2014年は15,849万頭となっている．乳牛の飼養頭数の推移は，2000年は489万頭であったが，2014年には1,499万頭へと増加している．ただし，中国における乳牛の飼養頭数は牛の総頭数のうちわずか数%しか存在しておらず，残りの大部分は「黄牛」とよばれる在来種の役肉兼用種となっている[注2)]．

生乳生産量に関しては，酪農振興政策や生乳･乳製品に対する栄養知識の普及，さらには経済発展による所得・生活水準の向上などにより消費が刺激拡大され，近年は著しい伸びをみせている．2000年には919万tであったが，2014年には3,841万tとなり，約4倍に拡大している．

図1-1は，搾乳牛の飼養頭数と1頭当たり生乳生産量の推移を示したものである．2000年以降，中国政府の酪農振興により，搾乳牛は増加してきた．しかし，メラミン事件以降，搾乳牛は大幅に減少し，現在もメラミン事件以前の水準まで回復していない．次いで，1頭当たりの生乳生産量を見てみると，2000年の3,629kg

表 1-1　中国における農畜産物生産の推移

		(単位)	2000年	2005年	2006年	2007年
農業生産額		(億元)	24,916	39,451	40,810	48,893
	畜産物生産額	(〃)	7,393	13,311	12,083	16,125
	畜産物生産額比率	(%)	29.7	33.7	29.6	33.0
家畜飼養頭数	牛および水牛	(万頭)	12,866	10,991	10,465	10,595
(年末頭数)	乳牛のみ	(〃)	489	1,216	1,069	1,219
	豚	(〃)	44,682	43,319	41,850	43,990
	山羊	(〃)	15,716	14,659	13,768	14,337
	綿羊	(〃)	13,316	15,134	14,602	14,228
生乳生産量		(万t)	919	2,865	3,303	3,633
	乳用牛のみ	(〃)	827	2,753	3,193	3,525
食肉生産量	豚肉	(〃)	3,966	4,555	4,650	4,288
	牛肉	(〃)	513	568	577	613
	羊肉	(〃)	264	350	364	383

資料：中国国家統計局「中国統計年鑑」各年次より筆者作成.

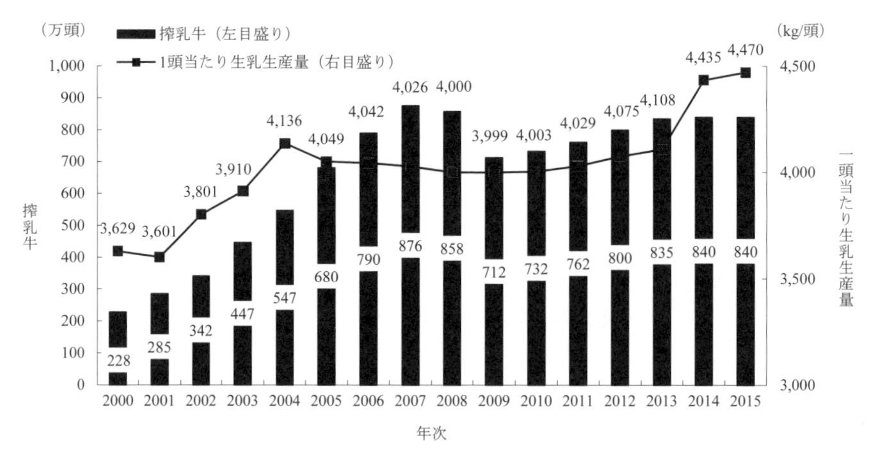

図 1-1　中国における搾乳牛の飼養頭数と1頭当たり生乳生産量の推移
資料：USDA「Dairy: World Markets and Trade」より筆者作成.

であったが，2014年は4,435kg（前年比で8%増），2015年には4,470kgとなっており，近年1頭当たりの生乳生産量は増加している．この背景には，大手乳業メーカーが自社牧場を所有し，そこに海外からの優秀な乳牛を導入していることが影響していると考えられる[注3)].

図1-2は，中国の主要酪農生産地域における生乳生産量の推移を示したもので

2008年	2009年	2010年	2011年	2012年	2013年	2014年
58,002	60,361	69,320	81,304	89,453	96,995	102,226
20,584	19,468	20,826	25,771	27,189	28,435	28,956
35.5	32.3	30.0	31.7	30.4	29.3	28.3
10,576	10,726	10,626	10,360	10,343	10,385	10,578
1,234	1,260	1,420	1,440	1,494	1,443	1,499
46,291	46,996	46,460	46,767	47,592	47,411	46,583
15,229	15,050	14,204	14,274	14,136	14,035	14,466
12,856	13,402	13,884	13,962	14,368	15,002	15,849
3,732	3,678	3,748	3,811	3,875	3,650	3,841
3,556	3,519	3,576	3,658	3,744	3,531	3,725
4,621	4,891	5,071	5,060	5,343	5,493	5,671
613	636	653	647	662	673	689
380	389	399	393	401	408	428

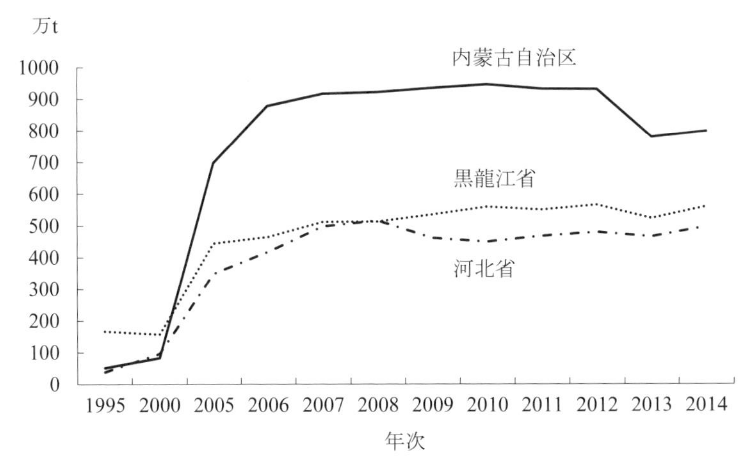

図1-2　中国における主要酪農生産地域の生乳生産量の推移
資料：中国国家統計局「中国統計年鑑」各年次より筆者作成.

ある．中国の酪農生産は，内モンゴルを中心とした北部から東北部の黒龍江省に至る辺境地域で盛んに生産が行われている．近年では，北京市や天津市などの大都市周辺に位置する河北省においても酪農生産が盛んに行われている．生乳生産量は1990年代前半まで，黒龍江省が中国の最大生産地域であったが，2003年以降は，内モンゴルが最大の生乳生産地域となっている．2014年における生乳生産量を見てみると，内モンゴルが797.1万t(20.8%)，黒龍江省が560.1万t(14.6%)，河北省が461.0万t（12.9%）となっており，上位3省・自治区で中国全体の約半分を占めている．なお，2013年に生産量が減少しているのは，夏場の猛暑が長期化したためである．特に，内モンゴルではその影響が強く，生乳生産量は16.3%の大幅な減少となった．

こうした酪農生産地域では，個人による酪農生産が中心であり，飼養形態は自然草地での放牧を主体に，とうもろこしの茎葉部やとうもろこしの実などを補助飼料として給与している．また，黒龍江省などの地域では，乳業メーカーが独自で集中搾乳場を各村落に設置するとともに，その村落に管理者を配置しており，搾乳時間になると，酪農家は乳牛を搾乳場へ移動させ搾乳を行う．そこで搾乳された生乳は乳業メーカーの工場へ運ばれた後，飲用乳や粉乳に加工され，販売される（中野 2005）．

表1-2は，中国における飼養頭数規模別の農家・牧場数および乳牛の飼養頭数の推移を示したものである．なお，飼養頭数に関しては2014年のデータがないため，メラミン事件が発生した直後の2009年との比較を行うこととする．

飼養頭数規模別の農家・牧場数（以下，農家数）の推移を見てみると，1～4頭規模の農家数は，2002年は83.3%，2009年は75.6%，2014年は75.8%となっている．5～19頭規模の農家数は2002年で14.6%，2009年で21.3%，2014年は19.9%となっている．また，100頭数以上を飼養している農家数をみてみると，農家数は全体に占める割合は，2002年は0.21%，2009年は0.42%，2014年には0.89%へと増加しているものの，その割合はわずかである．ただし，2009年と2014年

表1-2　中国における乳牛飼養頭数規模別農家数・飼養頭数

	農家・牧場数						増加率	増加率
	2002		2009		2014		(2009/	(2014/
	(戸数)	(%)	(戸数)	(%)	(戸数)	(%)	2002)	2009)
	1,368,616	(100.00)	2,402,484	(100.00)	1,717,652	(100.00)	1.76	0.71
1～4頭	1,140,022	(83.30)	1,816,359	(75.60)	1,301,609	(75.78)	1.59	0.72
5～19頭	200,083	(14.62)	512,806	(21.34)	340,925	(19.85)	2.56	0.66
20～99頭	25,698	(1.88)	63,175	(2.63)	59,739	(3.48)	2.46	0.95
100～199頭	1,789	(0.13)	4,324	(0.18)	7,567	(0.44)	2.42	1.75
200～499頭	650	(0.05)	3,341	(0.14)	4,016	(0.23)	5.14	1.20
500～999頭	262	(0.02)	1,773	(0.07)	2,370	(0.14)	6.77	1.34
1000頭以上	112	(0.01)	706	(0.03)	1,426	(0.08)	6.30	2.02

資料：中国牧畜業年鑑編集委員会編『中国牧畜業年鑑』各年次より筆者作成．

を比較してみると，農家数自体が大幅に減少していること，またそうした中で，100 未満の農家数は減少し，100 頭以上の農家が増加している．さらに，飼養頭数が 1,000 頭を越える農家数は 2002 年の 112 から 2009 年には 706 へ，2014 年には 1,426 へと増加していることより，大規模化が急速に進行していることが分かる．

次いで，飼養頭数の推移を見ると，1～4 頭規模では，2002 年は 44.8%，2009 年は 28.2%となっており，5～19 頭規模の農家数は 2002 年で 29.3%，2009 年で 29.4%となっている．他方，100 頭以上を飼養している農家の飼養頭数割合を見てみると，2002 年の 11.9%から 2009 年には 26.7%へと大幅に割合が増加している．これら 2002 年と 2009 年の飼養頭数規模の飼養頭数を比較してみると，1～4 頭規模の零細農家における飼養頭数の比率が減少していることより，他の階層において飼養頭数の拡大が図られていることが伺える．2014 年の比較はできないが，2009 年における中国の酪農生産を見てみると，1～4 頭以下の乳牛飼養農家の階層が 4 分の 3 を，5～19 頭以下の階層が 5 分の 1 を占めており，19 頭以下の階層の農家が全体のおよそ 97%を占めている．また，飼養頭数規模をみてみると，1～4 頭以下の階層および 5～19 頭以下の階層で全体の 58%を占めている．

これらより，中国の酪農は，いまだに零細ないし小規模農家が大多数を占めているものの全体の傾向としては大規模化が進行しているといえる[注4]．また，2009 年の中国における 1 戸当たり飼養頭数はおよそ 6.6 頭であることを踏まえると，農家が飼養する飼養頭数規模の格差はますます拡大していくであろう．

急速な規模拡大が進んだ要因として，新川・岡田（2012）は以下の 3 点を挙げている．第一に，零細農家は生乳取引価格の変動の影響を大きく受け，酪農経営

飼養頭数				増加率	平均飼養頭数(頭)		増加率
2002		2009		(2009/	2002	2009	(2009/
(頭数)	(%)	(頭数)	(%)	2002)			2002)
6,792,547	(100.00)	15,807,092	(100.00)	2.33	5.0	6.6	1.33
3,042,197	(44.79)	4,456,379	(28.19)	1.46	2.7	2.5	0.92
1,991,830	(29.32)	4,648,871	(29.41)	2.33	10.0	9.1	0.91
950,090	(13.99)	2,488,134	(15.74)	2.62	37.0	39.4	1.07
243,137	(3.58)	622,298	(3.94)	2.56	135.9	143.9	1.06
193,814	(2.85)	1,070,472	(6.77)	5.52	298.2	320.4	1.07
172,991	(2.55)	1,214,833	(7.69)	7.02	660.3	685.2	1.04
198,488	(2.92)	1,306,105	(8.26)	6.58	1,772.2	1850.0	1.04

が安定せずに廃業が進んだことである．第二に，良質な生乳を安定的に確保するために，大手乳業メーカーによる大規模な直営農場の開設が進んだことである．第三に，新たな事業モデルとして，外資による大規模農場開設への投資が進んだことである．

さらに，これらの要因以外に政府からの支援策が講じられており，規模拡大を刺激している．例えば，乳牛規模申告通知では，支援対象事業の申請条件として，乳牛の飼養頭数規模が200頭以上であること，口蹄疫，ブルセラ病の発生がなく，結核陽性牛がいないことなどが挙げられているほか，大中都市郊外および大飼養地区や産地･消費地密着型の乳牛飼養農場への財政支出を優先することとされた．また，財政支援については，乳牛の飼養頭数や生乳生産量などを総合的に勘案して確定することとされているが，その主眼は飼養頭数規模に置かれており，200～499規模の農場では，平均50万元，500～999頭の規模の農場では100万元，1000頭以上の農場では150万元が支援額の基準として定められている（谷口　2008a,b）．

3. 内モンゴルの酪農生産の動向

3-1. 内モンゴルにおける酪農生産

表1-3は，内モンゴルにおける酪農生産を含む農畜産物生産の推移を示したものである．農業生産額は増加傾向で推移しており，2000年に543.2億元であった

表1-3　内モンゴルにおける農畜産物生産の推移

		（単位）	2000年	2005年	2006年	2007年
農業生産額		（億元）	543.2	980.2	1058.5	1,276.4
	畜産物生産額	（〃）	205.5	444.6	439.2	559.7
	畜産物生産額比率	（%）	37.8	45.4	41.5	43.8
家畜飼養頭数（年末頭数）	牛および水牛	（万頭）	351.6	576.4	630.9	617.4
	豚	（〃）	738.3	738.7	750.4	636.4
	山羊	（〃）	1,304.3	1,711.0	1862.2	2,237.9
	綿羊	（〃）	2,247.3	3,709.0	3732.3	2,825.4
生乳生産量		（万t）	83.0	696.9	877.5	916.1
	乳用牛のみ	（〃）	79.8	691.0	869.2	909.8
食肉生産量	豚肉	（〃）	76.6	87.6	95.6	60.3
	牛肉	（〃）	21.8	33.6	38.2	39.4
	羊肉	（〃）	31.8	72.4	81.0	80.8

資料：中国国家統計局「中国統計年鑑」各年次より筆者作成．

生産額は2014年には2,779.8億元と5倍以上に増加している．畜産物生産額に関しては，2000年は205.5億元であったが，2014年には1,205.7億元へ6倍近い増加を示している．また，畜産物の生産額比率は，2000年は37.8%であったが，2008および2009年には45.9%に増加し，その後は，43.4〜45.7%の水準で増減を繰り返しながら推移している．

次いで，家畜の飼養頭数を見てみる．牛の飼養頭数の推移は，2000年は351.6万頭であったが，2008年にはピークの688.0万頭へと増加した．その後はメラミン事件の影響などにより，減少傾向がみられたが，2014年には630.6万頭へと前年比3%の増加を示している．豚は，2006年までは700万頭台で推移していたが，2007年以降600万頭台へと減少し，その後は増減しながら推移し，2014年は669.4万頭となっている．山羊は，2014年は1,553.1万頭となっており，2007年のピーク時（2,237.9万頭）の約7割まで落ち込んでいる．綿羊は2000年以降，増加傾向にあり2006年にピーク（3,732.3万頭）を迎えたが，2007年に大幅に減少した．しかし，2008年以降は増加傾向で推移し，2014年は4,016.2万頭となっている．一般的に，山羊および綿羊を飼っている農牧民は綿羊・山羊のどちらか一方を飼養（放牧）するのではなく，両家畜を同時に飼養していることが多い．綿羊および山羊は，大家畜と比べて資本の回転率が高いのが特徴である．また，市場価格に大きく依存することも特徴として挙げられる．飼養者は市場価格を見据えた飼養管理を行っているため，年度によって飼養頭数が大きく変動する．さらに，2000

2008年	2009年	2010年	2011年	2012年	2013年	2014年
1,525.7	1570.6	1843.6	2,204.5	2,449.3	2699.5	2,779.8
699.6	721.4	822.4	998.3	1,118.9	1208.5	1,205.7
45.9	45.9	44.6	45.3	45.7	44.8	43.4
688.0	663.9	676.5	634.5	625.0	612.4	630.6
644.4	683.7	684.4	684.2	693.8	684.5	669.4
1,896.3	1,991.9	1,708.2	1706.1	1,659.6	1,511.9	1,553.1
3,228.9	3,205.3	3,569.0	3,569.8	3,484.4	3,727.3	4,016.2
921.2	934.1	945.7	931.4	930.7	778.6	797.1
912.2	903.1	905.2	908.2	910.2	767.3	788.0
64.7	68.6	71.9	71.3	73.9	73.4	73.3
43.1	47.4	49.7	49.7	51.2	51.8	54.5
84.8	88.2	89.2	87.2	88.6	88.8	93.3

年以降に実施されている「退耕還林」政策などの環境保全政策により，家畜の飼養頭数が制限されていることも飼養頭数の変動に大きな影響を及ぼしたと考えられる.

また，生乳生産量を見てみると，2000 年には 83 万 t であったが，その後増加傾向で推移し，2008 年にはピークの 912.2 万 t となった．しかしその後は，メラミン事件の影響により減少した．2014 年の時点では，797.1 万 t となっており，事件発生時の水準には回復していない.

表 1-4 は，内モンゴル，黒龍江省および河北省を取り上げ，乳用牛飼養に関する農家数および飼養頭数について飼養頭数規模別の生産構造を示したものである.

表 1-4　中国における乳牛飼養頭数規模別農家数・飼養頭数

		農家・牧場数						増加率	増加率
		2002		2009		2014		(2009/	(2014/
		(戸数)	(%)	(戸数)	(%)	(戸数)	(%)	2002)	2009)
内モンゴル	全体	198,994	(100.00)	489,465	(100.00)	97,816	(100.00)	2.46	0.20
	1～4 頭	161,621	(81.22)	360,847	(73.72)	55,942	(57.19)	2.23	0.16
	5～19 頭	34,065	(17.12)	115,478	(23.59)	28,456	(29.09)	3.39	0.25
	20～99 頭	3,230	(1.62)	11,778	(2.41)	8,952	(9.15)	3.65	0.76
	100～199 頭	59	(0.03)	762	(0.16)	3,423	(3.50)	12.92	4.49
	200～499 頭	18	(0.01)	380	(0.08)	608	(0.62)	21.11	1.60
	500～999 頭	0	(0.00)	168	(0.03)	231	(0.24)	－	1.38
	1000 頭以上	1	(0.00)	52	(0.01)	204	(0.21)	52.00	3.92
黒龍江省	全体	160,224	(100.00)	330,897	(100.00)	285,694	(100.00)	2.07	0.86
	1～4 頭	119,821	(74.78)	192,442	(58.16)	169,699	(59.40)	1.61	0.88
	5～19 頭	36,060	(22.51)	125,558	(37.94)	99,120	(34.69)	3.48	0.79
	20～99 頭	3,760	(2.35)	11,923	(3.60)	15,846	(5.55)	3.17	1.33
	100～199 頭	385	(0.24)	688	(0.21)	569	(0.20)	1.79	0.83
	200～499 頭	132	(0.08)	197	(0.06)	335	(0.12)	1.49	1.70
	500～999 頭	49	(0.03)	62	(0.02)	86	(0.03)	1.27	1.39
	1000 頭以上	17	(0.01)	27	(0.01)	39	(0.01)	1.59	1.44
河北省	全体	198,576	(100.00)	116,661	(100.00)	72,721	(100.00)	0.59	0.62
	1～4 頭	171,331	(86.28)	87,698	(75.17)	62,349	(85.74)	0.51	0.71
	5～19 頭	22,764	(11.46)	22,712	(19.47)	6,281	(8.64)	1.00	0.28
	20～99 頭	4,200	(2.12)	4,334	(3.72)	1,759	(2.42)	1.03	0.41
	100～199 頭	205	(0.10)	422	(0.36)	684	(0.94)	2.06	1.62
	200～499 頭	61	(0.03)	593	(0.51)	455	(0.63)	9.72	0.77
	500～999 頭	14	(0.01)	709	(0.61)	800	(1.10)	50.64	1.13
	1000 頭以上	1	(0.00)	193	(0.17)	393	(0.54)	193.00	2.04

資料：中国牧畜業年鑑編集委員会編『中国牧畜業年鑑』各年次より筆者作成.

以下では，内モンゴルと酪農産地の特徴を概観し，その後，内モンゴルの酪農生産について詳細に見ていく．

各地域における農家数は，2002年から2009年にかけて内モンゴルおよび黒龍江省で増加していたが，河北省では約6割の水準まで農家数が減少していた．また，2009年から2014年にかけては，内モンゴルでは，2009年水準の2割弱，黒龍江省で8.6割，河北省で6割強まで農家数が減少していた．

他方，2002年と2009年の飼養頭数を見てみると，すべての地域において大幅に飼養頭数が増加していたが，各地域で増加傾向に違いがみられた．まず，内モンゴルでは，後述するようにすべての階層で増加していたが，そのなかでも100

飼養頭数				増加率	平均飼養頭数(頭)		増加率
2002		2009		(2009/	2002	2009	(2009/
(頭数)	(%)	(頭数)	(%)	2002)			2002)
880,753	(100.00)	2,865,734	(100.00)	3.25	4.43	5.85	1.32
497,061	(56.44)	970,352	(33.86)	1.95	3.08	2.69	0.87
265,580	(30.15)	970,966	(33.88)	3.66	7.80	8.41	1.08
104,173	(11.83)	480,740	(16.78)	4.61	32.25	40.82	1.27
7,660	(0.87)	118,306	(4.13)	15.44	129.83	155.26	1.20
4,379	(0.50)	124,828	(4.36)	28.51	243.28	328.49	1.35
0	(0.00)	110,408	(3.85)	—	—	657.19	—
1,900	(0.22)	90,134	(3.15)	47.44	1900.00	1733.35	0.91
934,551	(100.00)	2,482,408	(100.00)	2.66	5.83	7.50	1.29
305,580	(32.70)	621,008	(25.02)	2.03	2.55	3.23	1.27
345,146	(36.93)	1,148,399	(46.26)	3.33	9.57	9.15	0.96
133,679	(14.30)	455,941	(18.37)	3.41	35.55	38.24	1.08
55,953	(5.99)	98,061	(3.95)	1.75	145.33	142.53	0.98
35,572	(3.81)	61,648	(2.48)	1.73	269.48	312.93	1.16
27,065	(2.90)	42,314	(1.70)	1.56	552.35	682.48	1.24
31,556	(3.38)	55,037	(2.22)	1.74	1856.24	2038.41	1.10
832,944	(100.00)	1,723,849	(100.00)	2.07	4.19	14.78	3.52
386,682	(46.42)	184,275	(10.69)	0.48	2.26	2.10	0.93
237,457	(28.51)	233,346	(13.54)	0.98	10.43	10.27	0.98
151,157	(18.15)	178,246	(10.34)	1.18	35.99	41.13	1.14
26,911	(3.23)	64,229	(3.73)	2.39	131.27	152.20	1.16
19,083	(2.29)	219,244	(12.72)	11.49	312.84	369.72	1.18
8,854	(1.06)	496,649	(28.81)	56.09	632.43	700.49	1.11
2,800	(0.34)	347,860	(20.18)	124.24	2800.00	1802.38	0.64

頭以上の大規模層において著しい増加がみられた．次いで黒龍江省では，2002年の時点で，各層で相対的に多数の乳牛を飼養していたため，内モンゴルのように各階層で大幅な増加がみられたわけではないが，1.5〜3倍前後の増加率を示していた．河北省においては，零細・小規模層において飼養頭数の減少がみられた．その一方で200頭以上の層において飼養頭数が大幅に増加しており，その割合は全国水準を上回るものであった．以上のように，各酪農生産地域における2002年の生産構造と2009年の生産構造を比較してみると，それぞれの地域で特徴的な変化をみせていることが明らかとなった．

今後は，国内での活発な牛乳・乳製品需要を背景に，より一層の大規模化が進行していくことが考えられる．またその時，飼料資源の利活用や輸送ルートなどの自然条件や立地条件を考慮し，より効率的な酪農生産が可能となる地域に乳業メーカーが酪農生産基地を建設するであろう．ゆえに将来的には，これまで以上の速度で酪農生産の構造変化が進み，主産地の差別化がより明確化されることが考えられる．

次いで，内モンゴルにおける酪農生産構造の変化を見てみる．農家数は，先に述べたように2002年に比べて2009年では全ての階層において増加していた．それらの内訳を見ると，2002年には1〜4頭規模の農家数は全体の81.2%を占めていたが2009年には73.7%へ，2014年には57.2%へと大幅に減少していた．他方，5〜19頭規模の農家数は17.1%から23.6%，29.1%へと増加していた．そうしたなか，特に著しい増加をみせているのが100頭以上の階層である．それらの階層では，農家数および飼養頭数ともに大幅な増加をみせていた．特に飼養頭数を見ると，100頭以上の飼養頭数の割合は2002年には，わずか1.6%であったが2009年は15.5%にまで急増していた．また，500頭以上の階層の農家数は，2002年ではわずか1つであったが2009年には220まで増加しており，そのうち1000頭以上の階層は52へと増加していた．さらに，2009年から2014年にかけて，大幅な農家数の減少が見られた一方で，100頭以上を飼養している農家割合が急増していた．100頭以上を飼養している農家の規模層は4.6%となっていることから急速な規模拡大が進行し，構造変化が生じていることが示唆された．

飼養頭数を見ると，2002年では，1〜4頭規模の飼養頭数は全体の56.4%，5〜19頭の規模層は30.2%を占めていたが，2009年には両規模層とも33.9%となっており，1〜4頭の規模層における飼養頭数の割合が大きく減少していた．他方，500頭以上を飼養している規模層の飼養頭数は1,900頭から200,542頭まで大幅に増加していた．これらのことより，各階層が占める割合は減少しているため規模拡大の傾向がみられるが，依然として内モンゴル酪農の大宗を担っているのは零細・小規模農家であるといえる．

内モンゴルでは，海外から優良な乳用牛や精液を輸入し規模拡大を図る乳業メーカーの直営牧場が急増している．北倉・孔（2007）は，こうした乳業メーカーが直営牧場を持つことの理由として，政府による牧畜業の産業化政策のほか，原乳確保の不安定性，農家からの集乳には品質・衛生面での問題があること，急速な需要拡大への対応の容易さを挙げている．

3-2. 内モンゴルにおける牛乳・乳製品の消費動向

表1-5は，2010年から2014までの内モンゴルの牛乳・乳製品の1人当たりの年間平均消費量の推移を示したものである．2014年の牛乳消費量は一人当たり年間平均23.9kgであり，2010年と比べると43.6%の大幅な増加となっている．また，粉乳の消費量は0.30kgとなっており，2010年より16.7%減少している．ヨーグルトの消費量に関しては3.82kgであり，2010年から19.7%増加している．粉乳が大幅に減少しているのは，2008年に起こったメラミン事件の影響により，消費者の国産育粉に対する信頼性が低下していることや，経済発展による所得の増大を背景に高価な海外産の育粉に対する購入意欲が増大したためと指摘されている（木田・伊佐 2016）．また，ヨーグルトの消費は，「飲むヨーグルト」タイプの市場投入により牛乳を飲めない層を取込み，増加したものとみられる（新川・岡田 2012）．

3-3. 内モンゴルの酪農・乳業の取引形態

1980年以降，内モンゴルにおいては，都市部を中心に外資企業が進出してきた．また外資企業の影響力は1990年以降，さらに強くなり，都市部およびそれらの近隣部において物流のインフラが整備され，生乳の取引形態が大きく変化した．特

表1-5　内モンゴルにおける牛乳・乳製品の消費動向

単位：kg/人，%

	2010年	2011年	2012年	2013年	2014年	10/14増減率
牛乳	16.64	16.83	17.45	21.51	23.89	43.6
粉乳	0.36	0.32	0.35	0.43	0.30	-16.7
ヨーグルト	3.19	3.75	3.51	2.89	3.82	19.7

資料：中国乳業年鑑編集部「中国乳業統計資料」各年次より筆者作成．

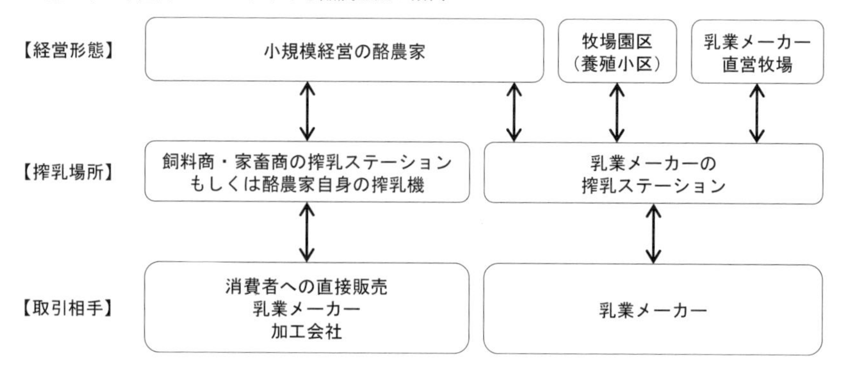

図 1-3　経営形態別に見た生乳の流通構造
資料：聞き取り調査を基に筆者作成.

に内モンゴルのフフホト（省都）に「蒙牛」や「伊利」などの巨大乳業メーカー設立されたことにより，酪農生産を取り巻く環境が大きく変化することとなった．フフホト周辺は零細な酪農家が多かったため，乳業メーカーは原料乳を確保するため，産地に搾乳ステーションを相次いで建設した．搾乳ステーションの多くは，搾乳施設を持たない小規模酪農家が集まっている集落や村に建設された．酪農家は自身の畜舎から搾乳ステーションに乳牛を移動させ，そこで搾乳を行い，生乳を販売する．搾乳ステーションは乳業メーカーが建設したものがほとんどであるが，一部は個人の搾乳ステーションも存在している．

現地の乳業メーカー関係者や研究者からの聞き取り調査より，内モンゴルにおける生乳の取引形態を飼養頭数の規模で分類すると，大きく以下に示す3つの形態に分類することができる（図 1-3）．

3-3-1. 小規模経営の酪農家

少頭数の規模で酪農生産を行っている酪農家である．これらの農家は政府の指導・支援を受け，酪農生産を始めた層である．また，「生態移民」政策により，酪農生産を始めた層もこのなかに含まれる[注5]．それらの酪農家は，次の3つのパターンに分類することができる．

第一に，個人で酪農生産を行っている農家である．特定の乳業メーカーとの契約がなく，酪農家自身の意思決定のもとで，搾乳から生乳の取引までを行う．また，酪農家自身が搾乳機材を所有し他の酪農家に出向き，生乳を集荷する酪農家も存在している．これらの酪農家は，乳業メーカーに生乳を販売することだけでなく，消費者や加工会社への直接販売を行っている農家もいる．また，酪農生産を始める前に，乳牛の他に綿羊や山羊を飼養しており，生乳の加工，乳製品の製造を行っていた農家は，自ら乳製品の加工・製造を行い，消費者に販売しているケースも見られる．

第二に，酪農生産の専業村において酪農生産を行う酪農家である．多くの農家は飼養頭数5頭未満の零細な農家である．なかには，規模拡大を図り10頭前後まで飼養頭数を拡大させている農家もいる．専業村では，飼料商や家畜商などの事業者が搾乳ステーションを設置している場合，酪農家はそのステーションに乳牛を移動させ搾乳を行い，事業者に生乳を販売する．その他に，事業者自身が個人の搾乳機材を所有しており，酪農家の牛舎を訪問するケースもある．どちらの形式でも，事業者は，集荷した生乳を消費者に直接販売したり，乳業メーカーや加工会社に販売する．

第三に，乳業メーカーと生産取引の契約を結び酪農生産を行う酪農家である．第二の形態と日常的な酪農生産の管理・生産構造は基本的に同じであり，酪農家は，乳業メーカーが建設した搾乳ステーションに乳牛を移動させ，そこで搾乳を行い，その生乳を乳業メーカーに販売している．

3-3-2. 牧場園区（養殖小区）で酪農生産を行う酪農家[注6)]

牧場園区とは，乳業メーカーが建設した酪農生産団地のことである．以前は養殖小区とも呼ばれていた．酪農家は，牛舎，運動場，住まいなどが一式となった施設に住み酪農生産を行う．牧場園区は酪農専業村よりも飼養頭数が多い酪農経営の団地である（矢坂 2008）．飼養頭数は地域によって異なるが，概ね 20～50頭規模，多くても100頭ぐらいまでとなっている．酪農家は，園区内の施設で酪農生産を行い，朝・夕の2回，乳業メーカーが建設した搾乳ステーションに乳牛を移動させ，搾乳を行う．園区内で酪農生産を行っている酪農家は，乳業メーカーの子会社や系列会社の飼料を安価で購入できることや，飼養管理に関して乳業メーカーの担当者より技術指導を受けることができることなどのメリットがある．また，資金調達の際には，優遇措置を受けることもできる．

3-3-3. 乳業メーカーが所有している大規模直営牧場

大規模直営牧場の多くは，乳業メーカーが所有しているが，一部，国営の牧場も存在している．直営牧場では，数千頭を超える乳牛を飼養しているメガファームがその大多数を占めており，オーストラリアやニュージーランドから優良な乳牛や精液が導入されている．また，欧米などから飼養管理技術やTMR（完全混合飼料）などの飼料配合技術などが導入されている．さらに，育種改良や受精卵移植など，従来の中国酪農では用いられてこなかった最先端の技術を駆使した酪農生産が行われている．こうした牧場では高泌乳能力を持つ純粋のホルスタインが飼養されており，乳牛の能力に応じた飼料設計，飼養管理が求められている（矢坂 2008）．また，近年では安全性志向や健康志向の消費者ニーズに対応するために，有機飼料のみを乳牛に給与したオーガニックミルクなど付加価値のある乳製品の開発・生産も行っている．

4. おわりに

本章では統計資料や先行研究の整理により，中国における酪農生産の現状を概観した後，内モンゴルの酪農生産の現状および流通構造の特徴を明らかにしてきた．以下，本節では，中国内モンゴルにおける酪農生産の特徴を明らかにすることで本章の結びとする．

内モンゴルは中国の他地域と比べて，酪農・乳業に関しては以下のような有利性があることを長谷川ら（2007）は指摘している．第一に，内モンゴルが有する自然条件が挙げられる．すなわち，中国全土の草地の約 5 分の 1 強に当たる 13 億ムー（約 86 万 7,000km^2）の草地が広がっており，草地資源に恵まれていること，さらに，緯度が 37～53 度の間にあり，酪農生産に適した環境であることである．第二に，大都市の市場に隣接している立地条件が挙げられる．内モンゴルは，東西に 2,400km，南北に 1,700km となっており，ロシア，モンゴルの国境と隣接している他，中国の 7 省 1 自治区と接している．特に，大市場がある東北・西北および華北と接していること，さらに，高速道路や国道の整備などによって物流が飛躍的に拡大し，大消費地への輸送も容易になった．第三に，政府からの政策支援を享受していることである．内モンゴルには，中国政府による西部大開発における 12 カ所の開発計画地区の 1 つである呼和浩特市和林格爾（ホリンゴル）盛楽経済園区を含んでおり，政策面での支援が施されている．

また，ここ 10 年間に酪農・乳業が急速かつ飛躍的な発展を遂げた背景としては，先に述べたような有利性に加え，内モンゴル政府が自治区内の主要産業である酪農・乳業を重視し，酪農家の生産意識を刺激し，税制の優遇措置を講じるなど，政策としてその発展を強力に推進してきたこと，さらに1997年以降，内モンゴル政府が家畜や作物の育種改良を積極的に推進するとともに，海外から優良な精液や種子を導入してきたことなどが挙げられる．さらに市川ら（2011）は，これらの背景以外に，西部大開発プロジェクトと「生態移民」政策を結びつけ，酪農・乳業に向けての政策の実施を行ったことを挙げている．すなわち，中国政府は，補助金を提供し，最先端の技術導入と支援（例えば，優良な精液の輸入・提供，雌雄産み分け技術の開発）などを行うことで，酪農生産および酪農家の育成を促進したのである．

以上，中国および内モンゴル酪農生産の特徴について述べてきた．2000年以降，内モンゴルは，酪農・乳業生産において著しい成長をみせてきた．しかし，2008年9月に発生したメラミン事件以降，酪農・乳業生産の成長速度が鈍化しつつある．新川・岡田（2012）は，メラミン事件を契機に中国の酪農・乳業は，「零細農家・巨大乳業」から「大規模農家・巨大乳業」へと変貌し，乳業メーカーが酪農生産に乗り出すことで，生乳の品質確保を図りながら「肥沃な内需」を満たそうとしていることを指摘している．内モンゴルの酪農・乳業生産に関しても同様の方向を辿るであろう．そうした場合，次のような問題が生じる可能性が考えられる．

第一に，酪農家間の所得格差が拡大する恐れである．この問題では，本来，経済性の高い乳牛の飼養により，貧困からの脱却を図るための貧困対策の一つとして「生態移民」政策が実施された．しかし現状は，酪農生産を継続的に行うことができず，失業する酪農家が出現していることからも極めて深刻な問題を含んでいるといえる．また，この問題に関しては，乳業メーカーが有している乳価決定の優位性の問題，1頭当たりの生乳生産量が低水準である飼養管理・技術の問題，さらには脆弱な飼料生産基盤の問題などが密接に結びついている．その他，懸念されるリスクとして，制度の施行に伴う農業リスクおよび食料の安全性に関わる食料リスクを引き起こす可能性があるため，所得格差の問題は喫緊に解決すべきものであるといえる．

第二の問題として，ふん尿処理と圃場への還元の問題である．中国国内の需要を満たすために，今後も内モンゴルが酪農生産の中心地域となる場合，規模拡大に付随する問題としてふん尿の増大は大きな問題になることが考えられる．この問題は，生態環境の変化を含む農業リスクおよび環境負荷物質の流出に伴う環境リスクの可能性を秘めており，未然の対応が重要となる．

注1）2014年時点で中国の生乳生産量は，3,755.0万tとなっており，全世界の7.6%を占めている（USDA 2016）.

注2）中国の乳用牛は，一般に3分の2がホルスタイン種およびその交雑種であり，残りの3分の1程度がシンメンタール種，在来牛（国産の乳肉兼用品種）である黄牛タイプの三河牛種，草原紅牛種，新疆褐牛種などの純粋種であり，在来牛は東北から西北一帯にかけて飼養されていた．専用種としては，中華民国時代に英米の宣教師がホルスタイン種を導入し，繁殖したのが始まりといわれている．その後，1960年代に国営乳牛場を中心に，ホルスタイン種雄牛と在来牛である黄牛との交雑を重ねることによりホルスタイン種が作出された．1972年育種方案の制定により，規程に則った形で中国ホルスタインの育種が始まり，1985年中国黒白花品種が作出された（中野 2005）.

1985年以降，中国ではホルスタイン種の血統が87.5%以上のもの（＝ホルスタイン雄牛を3代以上交配したもの）を「中国ホルスタイン」と呼んでいる．しかし，乳牛の改良や飼養管理技術などが先進国に比べてまだ遅れていることや乳肉兼用種も飼養されていることなどから乳牛の生産性は低水準である．（長谷川・谷口 2010）.

注3）なお，日本における乳牛1頭当たり生乳生産量の平均は，2015年度の全国平均で8,511kgとなっており（農林水産省 2016），中国の乳牛1頭当たり乳量水準は，まだまだ低水準にあるのが現状である.

注4）新川・岡田（2012）は，中国政府は，生産構造における大規模農場（飼養頭数100頭以上）の構成比を3割とする目標を掲げ，乳業メーカーに対しては，生乳の7割以上を直営農場から調達するように指示していると述べている.

注5）「生態移民」政策による酪農生産の現状に関しては，第6章を参照のこと.

注6）乳業メーカーが建設した牧場園区における酪農生産に関しては，第7章を参照のこと.

引用文献

長谷川敦・谷口　清・石丸雄一郎（2007）:「急速に発展する中国の酪農・乳業」,『畜産の情報　海外編』，209，pp.73-116.

長谷川敦・谷口　清（2010）:「中国の酪農・乳業の概要」，独立行政法人農畜産業新興機構編『中国の酪農と牛乳・乳製品市場』，農林統計協会，pp.1-31.
市川　治・中村　稔・片桐朱璃・朵　兰・胡　爾査・予　洪霞・發地喜久治（2011）:「中国・内蒙古における企業的酪農経営の展開」，『酪農学園大学紀要　人文・社会科学編』，35（2），pp.29-41.
北倉公彦・孔　麗（2007）:「中国における酪農・乳業の現状とその振興」，『北海学園大学経済論集』，54（4），pp.31-50.
木田秀一郎・伊佐雅裕（2016）:「中国の牛乳・乳製品をめぐる動向～産業構造の変化と今後の国際需給への影響～」，『畜産の情報』，323，pp.92-107.
小宮山博・杜　富林・根　鎖（2010）:「中国・内モンゴル自治区の酪農経営の実態―フフホト市近郊酪農家を対象に―」，『農業経営研究』，48（1），pp.95-100.
中野達也（2005）「中国酪農の現状と直面する畜産環境問題について」，『畜産環境情報』，28，pp.8-14.
農林水産省生産局畜産部（2016）:「畜産をめぐる情勢」，＜http://www.maff.go.jp/j/chikusan/kikaku/lin/l_hosin/attach/pdf/index-78.pdf＞，2016年12月14日参照.
新川俊一・岡田　岬（2012）「変貌する中国の酪農・乳業―メラミン事件以降の情勢の変化と今後の展望―」，『畜産の情報』，267，pp.60-74.
谷口　清（2008a）:「中国の豚肉価格の動向とその背景」，『畜産の情報　海外編』，219，pp.22-35.
谷口　清（2008b）:「中国における最近の酪農・乳業政策～大規模経営への集約，量から質へ～」，『畜産の情報』，227，pp.73-82.
USDA（2016）“Dairy: World Markets and Trade”，＜http://usda.mannlib.cornell.edu/usda/current/dairy-market/dairy-market-07-22-2016.pdf＞，2016年12月13日参照.
矢坂雅充（2008）:「中国，内モンゴル酪農素描―酪農バブルと酪農生産の担い手の変容」，『畜産の情報』，230，pp.64-84.

第2章　中国内モンゴルにおける家畜生産と環境問題

1. はじめに

1978年の改革開放以降，中国は社会主義のもと市場経済と競争原理を導入することにより，著しい経済発展を成し遂げてきた．経済成長は，外資主導による沿岸部を中心とした工業化によってもたらされた．その一方で，急速な経済発展に伴って，草地の破壊的な利用が広がり，「草地三化（草地の退化，砂漠化，アルカリ化)」にみられる生態環境問題が深刻化した．とりわけ，中国西部地域の生態環境の悪化は西部地域の発展だけでなく，中部および東部の社会経済の発展にまで極めて有害な影響を与えることとなった（杜 2004)．こうした問題は，1947年の中華人民共和国建国を転機として生じたものといえる．中国政府は「辺境を切り開き，辺境を守る」というスローガンを掲げ，人民解放軍の退役軍人や全国各地の都市・農村の青年らを積極的に辺境地域へ移住させた．これら移民がもたらした人口圧や農地面積の拡大は，先住民族の生業形態や生活様式を大きく変化させたのみならず，人間と自然との従来の均衡関係を乱すものであった（シンジルト 2005)．

1970年代初頭には，水流が豊かであった黄河流域で初めて断流が発生した．その後も毎年のように断流が発生し，その断流期間は長期化している．1998年には長江の大洪水が発生し，土壌流失が問題視されることとなった（譚 2004)．1990年代後半からは，砂嵐の発生回数も増加し，その被害は拡大している．砂嵐の発生は，内モンゴルを中心とした過放牧，無計画な開墾と旱魃災害などによる草原の砂漠化がその原因であるといわれている（杜 2004)．内モンゴルを含む西部地域の生態環境問題は，西部地域の発展に関わるだけでなく，中国全体の社会経済の発展にとって重要な問題である．

西部地域は全国総面積の7割を占め，総じて自然資源が乏しい地域である．西部地域では環境問題のみならず，地域全体において共通して貧困問題を抱えており，貧困により森林減少，砂漠化，土壌流失など生態環境の悪化を招いている．さらに，環境悪化が土地の生産性を低下させ，食糧不足，水資源の枯渇などを引き起こし，貧困をさらに悪化させている．こうした諸問題は相互に密接な関わり合いを持っているのと同時に，食料，農業，環境において，多様なリスクが内在している．食料リスクに関して南石（2011b）は6つに分類しており，その一つとして生産リスクを挙げている．生産リスクには，収量リスク，技術リスクや生態リスク（環境保全リスク）など生産過程で生じる様々なリスクが含まれており，それらは気象変動や病害虫の発生などに伴う収量や品質の変動，技術革新に伴う技術の陳腐化，農業生産に起因する環境汚染や生態系破壊などのリスクがあり，ひいては，気候変動などの環境リスクを引き起こす可能性がある．また，南石（2011a）は，農業リスクに関して，個々の農業経営だけでなく，食料の安定供給や安全確保，環境保全や農村における所得と雇用の確保など，現代社会における複数の主要問題と深く関係していると述べている．負の連鎖を断ち切るために中国政府は，砂漠化を含む生態環境の悪化防止および環境保全を目的とした「退耕還林・還草」政策を実施した．「退耕還林」政策は「西部大開発」計画のなかで，重要な国家戦略として位置づけられ，社会・経済発展と生態環境との調和が掲げられている．

以上の社会的背景を基に，本章では中国における砂漠化を含む生態環境および環境問題への取り組みについて，また，家畜飼養の動きに着目した経済発展について検討することを目的とする．具体的には，「西部大開発」において重要な位置付けとなっている「退耕還林・還草」政策および「生態移民」政策を概観したうえで，問題の所在および課題について述べる．その際，砂漠化を含む生態環境の悪化が地域経済に多大な影響を及ぼしている内モンゴルに焦点を当て検討していく．なお，2016年から第2回の「退耕還林」政策が実施されているが，本章では取り上げない．

以下，次節では内モンゴルの経済発展および家畜飼養の変遷について触れる．第3節では，中国および内モンゴルの砂漠化を巡る動きについて述べる．第4節では，「西部大開発」について言及する．第5節は，「退耕還林・還草」政策を，第6節では「生態移民」政策を巡る動きについて，それぞれ概観する．最後7節では，これまでのまとめを行う．

2. 中国内モンゴルの経済発展と家畜飼養を巡る動き

中国において砂漠化が最も深刻化しているのが内モンゴルである．内モンゴルの砂漠化は，家畜の飼養形態と大きく関わっている．本節では，内モンゴルの家畜飼養の変遷を概観する．

2-1. 内モンゴルにおける家畜飼養の変遷

内モンゴルは，1947年5月1日に中国で最初の少数民族の自治区として成立した．内モンゴルは中国の最北部に位置し，総面積は118.3万 km^2 であり，日本のおよそ3倍，中国の総面積の12.3%を占めている．2015年度の人口は2,511万人であり，前年比6.23%となっている[注1)]．また，内モンゴルは，高原面積が広く，温帯大陸性モンスーン気候やステップ気候に属し，年間の平均気温は約5℃であり，夏と冬の寒暖差は約40℃，一日の寒暖差は約15℃にもなる．降水量の地域差が大きく年間の総降水量は50～450mmとばらつきがあり，東北部で降水量は多く，西部に向かうほど少なくなっていく（劉・奥 2009）．

内モンゴルの成立以前，牧畜業を営んでいたのは主としてモンゴル族である．モンゴル族は，牛，山羊，羊，馬，駱駝の5畜種の家畜を放牧することにより生活を営むことで自然との共存をはかり，農牧地を合理的に利用し優良な伝統を受け継いで，その生活の需要を満たしていた．しかし，1920年代の鉄道開通と修築に伴い，漢民族の農民が大量に内モンゴルに移住してきて以降，内モンゴルは遊牧地，農業地と半農業半牧畜業地に分けられるようになった（劉・奥 2009）．

内モンゴルは，自治区が成立した1947年以降，計画経済期に突入した．計画経済期における内モンゴル農業の特徴は，生産の集団化と経営の「農牧結合」が図られたことである．生産の集団化では，「互助組―生産合作社―人民公社」の流れを経て実現され，農業は個別経営から集団経営へと移り変わった（巴圖 2006）[注2)]．1952年からは，封建的土地所有制から農民的土地所有制への転換を図った土地改革として，生産合作社化が始まり，農家が所有する家畜の多寡によって配当が決められるなどの規定が定められ集団化が行われた．しかし，その実施過程において，政策の曖昧さと説明不足により，牧畜民は個人で家畜を処分してしまうケースが多発した（巴圖 2006）．

1958年には人民公社が導入され，一方的な家畜の生産量追求が謳われる環境下において，家畜および牧畜用具は公用化され，複数の家族が協力して飼養管理を行う遊牧から，放牧地を移動する遊牧民と，家畜の飼養と他の生産労働を行う半遊牧民に分かれるようになった．この半遊牧民は定住するようになり，牧畜業の機械化が進んだ（劉・奥 2009）．それ以降，1970年代までは，主に畜産物の生産量を短期間に増加させることに関心が払われ，政府の指示のもと，人工繁殖，品種改良，井戸や畜舎の建設，飼料の栽培などが行われ，社会主義経済の基盤が強化された（クリルチムク 2010）．ただし，半農業と半牧畜業の地域は，モンゴル族と漢民族が共存する地域であり，牧場の開墾は牧畜業の生産に多大なる影響を与えることから，両者が共存し生産活動を行っていくことは困難を伴うものであった．

この時代，内モンゴルでは大規模な工業化が進行し，漢民族の大量移住がさらに加速した．1970 年代末までに内モンゴルに流入した漢民族によって，人口が29.1%増加するとともに，農業および工業は産業全体で 21.7%の成長を示した（王 2001）．農地の拡大および大規模な工業化は，内モンゴルに定住という概念をもたらした．定住はそもそも内モンゴルの土地には適合しにくいものであり，モンゴル族は自然と調和した遊牧を行ってきた．モンゴル族は，定住と農業が内モンゴルの土地に適さないことを認識していた．内モンゴルでは，従来の自給自足的な農業経営から商品経済的な収益追求型の農業経営へ急速な転換が図られた．そうした中で，農業に適さない土地を開墾したことに加え，定住を強いられたことにより，農牧民は定めたれた場所以外で遊牧を行うことができない状況となった．劉・奥（2009）は，こうした生産形態の変化が，内モンゴルの自然環境や生態環境を悪化させた要因の一つであると指摘している．

以上のように，1947 年から 1970 年代後半までの計画経済期における牧畜社会の大きな変容は，遊牧から定住化が図られたことである[注3]．農牧民の定住化によって，牧畜は従来の季節性を利用した伝統的な移動放牧から定住による日帰り放牧となった．広大な放牧地を所有するところでは，牧草が生い茂る夏場は放牧を行い，冬場は定住地で舎飼いを行うのが一般的であった．日帰り放牧を行うようになった農牧民においても遊動放牧により，夏場は一般の放牧地で放牧を行い，冬場は草刈地や農耕地において放牧を行っていた．しかし，定住化によって放牧地の環境負荷が増大し，遊牧によって草地を合理的に利用することが困難となった（巴圖 2006）．

2-2. 1978 年以降の内モンゴルにおける家畜飼養の変遷

改革開放以降（1978 年～現在），これまでの政策が政府によって見直されることとなった．1950 年代後半の人民公社化運動によって，個人所有であった家畜と牧畜用具は集団所有となった．その後，集団所有であった家畜を政府が価格評価し，定期分割払いの形で牧民に払い下げる生産請負制が 1983 年より実施された（朴ら 2010）．内モンゴル地域の牧畜経営における請負制は，「草畜請負制」と呼ばれているが，放牧地の請負が始まったのは 1992 年以降であり，それまでは単なる家畜の請負に過ぎず，また，農耕地の利用権は個人に配分されたが，放牧地の利用権は配分されなかった（巴圖 2006）．また，1985年には「草原法」の制定を機に，配分した家畜頭数を基準に草地使用を牧民に請け負わせる草地請負制度が導入された．この制度の導入により，実質的に末端の牧民は，家畜の個人所有と請負草地の利用権をもつ個別経営者となり，生産要素に対する所有権や経営権を握る体制が確立された（伊藤ら 2006）．その後，1999年末までに，内モンゴルの利用可能な草地の72%に相当する4,093万haが個人経営者に請け負われている（阿柔瀚巴図 2003）．

また，1992年の鄧小平の「南巡講和」を境に，本格的な市場経済期を迎えることになり，生産と流通が完全に農家の個別経営に任せられるようになった[注4,5]．先に述べたように1992年からは放牧地の利用権の配分が行われるようになり，土地の利用形態が個人の判断によって決められるようになった（巴圖 2006）．その後，2000年には，農業と牧畜業の税金免除制度が導入されたことをきっかけに，農民と遊牧民の生産意欲が引き出された．しかし2001年以降，環境問題が深刻化したため，政府側は放牧禁止政策を打ち出し，放牧に変わって舎飼いを推進するようになった．従来は自然の資源条件に応じて放牧を行うという伝統的な飼養方法であったのに対し，舎飼い飼養は市場での出荷を目的とする資本集約的な飼養方法である．しかも，内モンゴルの牧畜民のほとんどは貯金を蓄えていないうえに，金融システムが整備されていなかったため，資本調達および市場の確保が困難であったことから，舎飼いによる飼養形態は困難を極めることとなった（巴圖 2006）．

3. 中国内モンゴルにおける砂漠化を巡る動き

3-1. 中国における砂漠化を巡る動き

自然環境の破壊・砂漠化は，生態環境の深刻な悪化を招くだけでなく，経済の持続可能な発展を制限し，将来的に食料生産および食料供給の逼迫，不安定化をもたらす深刻な問題である．特に，砂漠化が起こっている地域はもとより，今後砂漠化が進行する可能性がある地域において砂漠化をいかに食い止めるかは重要な課題となっている．砂漠化の原因には，自然現象に起因するものと人為的要因に起因するもの（関谷・全 2009），さらに社会的経済的要因に起因するもの（双喜 2003）の3つが考えられ，食料リスク，農業リスクだけでなく，環境リスクを引き起こすものであるといえる．第一の自然的な要因としては，気候の変動，すなわち気候の温暖化，降雨量の変動などにより，生態環境の生育が阻害されることが考えられる．特に，砂漠化の発生は全世界的に一様にその影響がもたらされるのではなく，特異的な地域，例えば，乾燥地域や半乾燥地域など，土壌条件が劣悪な地域において，生態環境が破壊され，多大な被害をもたらしている．第二の人為的な要因としては，人間活動がもたらす過開墾，過開発，農地の過耕作，家畜の過放牧，過伐採，地下水の枯渇，化学肥料・農薬の投入過多による塩害などが考えられる．第三の社会的経済的要因としては，農牧民の家畜飼養を取り巻く環境である制度の変革，商品経済の浸透などが考えられる．

中国における砂漠化は，地域の土地条件を無視した1950年以降の農業政策によって急速に進行した．その進行が最も深刻化しているのが内モンゴルである．先に述べたように中国政府は，食糧の増産のために，遊牧を主体とした生業を行ってきた内モンゴルに農耕の形態を導入した．このことが，内モンゴルの自然環境の破壊・砂漠化をもたらした主な要因であるといわれている（劉・奥 2009）．中国政府は砂漠化および土地荒廃の防止に対し，様々な施策を講じてきた．その結果，一部の地域では砂漠化が後退する現象がみられ，生態環境に対して一定の改善効果が示された．しかし近年，都市部での人口増加に伴い，市街地や工場立地の拡大と食糧増産要請の両側面から農地と草地は二重の圧力を受け，水資源の過度な利用とも相まって，環境問題としての砂漠化・草地荒廃は依然として拡大し続け，深刻化している（関谷・全 2009）．実際，中国における砂漠化は，1950年後半から1970年代中頃までの25年間に390万haが砂漠化し，この間の年平均砂漠化速度は15.6万haであった．しかしその後は，砂漠化の進行速度はさらに加速し，1975～1980年代後半には砂漠化の年平均速度は21万haに上昇し，1999年には24.6万haへと加速している（内蒙古統計局 2009）．

3-2. 内モンゴルにおける砂漠化を巡る動き

内モンゴルでは，1950年に「土地改革法」が発布され，全国で土地改革が実施されることが決定された．また，1958年に人民公社が導入され，定住化と機械化の進行が過放牧と荒廃のきっかけとなり砂漠化が進行した（劉・奥 2009）．1966年から1976年までの文化大革命時代には，食糧増産政策により低地草原が水田に，固定砂丘が畑へと変容し，農地に使用される開墾面積が拡大した．さらに改革開放以降では，1982年に人民公社による集団農場経営が解体し，1983年には農村部の各家庭に土地を分配し，農業生産を請け負わせる生産請負制が実施された．内モンゴル地域では家畜は農牧民個人に配分され，牧畜業の経営も個人に委ねられたが，草原の放牧権は資金的・技術的な困難性から，完全に牧民家族までを確定することができなかった．またこの時期，都市住民の所得向上によりもたらされた食肉や乳製品など畜産物への需要増大は，農牧民の生産意欲を刺激し，現金需要を満たすために，家畜の飼養頭数拡大が急速に進んだ（巴圖 2006）．

その一方で，草原牧草は一種の共有地となり，誰でも自由に放牧ができる状況であった．その結果，家畜頭数は増加の一途を辿り，過放牧による草地資源の枯渇が生じることとなった．すなわち，農牧民の間では，家畜は個人の財産であり，利益と所得を増加させるために，家畜の飼養頭数を一頭でも増やしたいというインセンティブが強く働き，家畜の飼養頭数を減らし，資源利用を控えようとするメカニズムは生まれなかったため，典型的なコモンズの悲劇が生じることとなった（沈 2006）．生産請負制が実施された後も草地は共同で利用されてきたが，1998年に草地も耕地と同様に分割され，個別農牧戸の独占的使用権が認められた．この制度の導入は，内モンゴルの牧民の草地利用に大きな影響を与え，内モンゴルの砂漠化を加速度的に進行させた（蘇特斯琴 2005）．

草原の砂漠化が拡大している内モンゴルでは，農牧民の生業だけでなく近隣地域の農業生産にも多大な負の影響を与えており，砂漠化に関する適正な抑制策の構築が求められている．砂漠化の原因に関して，兵（2012）は以下のように整理している．「内モンゴルの砂漠化の原因には，人口増加，過開墾，伐採，乱開発，地球温暖化，過放牧，定住化などが挙げられる．また，中国の地方政府の官僚の腐敗の問題もある．このような砂漠化の原因や環境政策に関して，国内外の研究者の意見が対立している．中国国内では，過放牧が砂漠化の主要要因であると見なす研究者が多く，当局の環境政策もその殆どが放牧を禁止・制限することに向けられている（張・徐 2007）．しかし，モンゴル族の研究者，特に海外にいるモンゴル族の研究者によると，過放牧が砂漠化の主要要因ではなく，漢民族の移住による人口の増加やそれに伴う過開墾によって牧草地が縮小したことが『過放牧』を招いたとの見方が有力である（烏力吉図 2002）．また，環境政策についても，モンゴル人研究者は移住による新たな砂漠化や牧畜民の生活への配慮の不十分さ，失業などのさまざまな問題点を指摘している（シンジルト 2005）．このように，内モンゴルの砂漠化問題は民族や文化の問題，資源エネルギー問題，グローバル経済の問題などさまざまな問題が絡み合い，複雑で重層的な問題である．」．

また，近年の砂漠化の要因の一つとして，双喜（2003）や石（2008）は綿羊・山羊飼養の増加を挙げている．綿羊・山羊の飼養規模拡大と飼養頭数の多頭化が進み，草原牧畜地域では草資源の許容量を超えた過放牧が行われた結果，草地の退化・砂漠化が進行した．特に，日本において高級品として取り扱われているカシミヤの生産が砂漠化の要因であると指摘している．カシミヤ生産が砂漠化の原因となる要因は，カシミヤの希少性にある[注6]．カシミヤを大量に生産するためには，生産量に見合う山羊を飼養する必要がある．基本的に，山羊は草地地帯の草を食べているが，草原の草がなくなると，周辺に生えている木に登って木葉も食べる．さらには，土を掘り，地面の下にある草の根までも食べる．こうした山羊の環境適応能力は，一時的に経済的な富を農牧民にもたらしたが，草原の生態環境の回復力を減少させ，砂漠化が進行する大きな要因となっている．

元来，モンゴル族は自然状況に合わせながら遊牧する方式で牧畜業を経営し，経済的に繁栄するとともに草原生態を保持してきたため，従来から草地を私有化することによって,独自で排他的に利用しようという文化は育たなかった.逆に,自然条件の変化に対しても臨機応変に対応してきたことより，草地利用においてお互いに協力し，助け合う考え方が強かった．しかし，内モンゴルにおける定住化政策および 1980 年代の生産請負制の実施によって，家畜頭数の増加が草地保全および家畜頭数の不均衡を引き起こしている．これらの問題を解決する対策として提示された草地請負制度であったが，当初設計した目標を達成しているとは言い難い（蘇徳斯琴・佐々木 2014）．

内モンゴルでは，長期間にわたり草資源の限界を無視した草原開発と開墾により，農耕人口が急速に増加した．と同時に，耕地面積の拡大，牧草地の個人分配，市場経済の導入による経済原理主義を優先させたことにより，生態環境が破壊され伝統的な生業形態や生産様式は大きく変化し，伝統的な文化は失われることとなった．

4. 中国内モンゴルにおける「西部大開発」を巡る動き

「西部大開発」は，1999 年 11 月に開催された中央経済会議で定められた戦略的な政策である．本会議において「西部大開発」は，「内需を拡大することに関係し,また東部と西部との間の調和的な発展と共同富裕の最終的な実現に関係する」と見解を示している（高 2011）．そして 2000 年 1 月，当時の朱鎔基総理をグループリーダーとする国務院西部地区開発指導小組が正式に発足し,「西部大開発」戦略が動き始めた.「西部大開発」が提起された背景には,1978年の改革開放以降,高度成長を続ける中国経済のなかで,東部の沿海部は著しい経済発展を遂げたが,内陸部の地域は立ち遅れた状況となり,東部と西部の地域格差の大きさが社会的に認識されてきたことにある(王 2010).2001年から2005年にかけての第10期5カ年計画において,西部大開発は中国の重要な国家事業と位置づけられた.その主要なアプローチは,沿海地域と内陸である西部地域の地域関連関係を強化すること,未開発な資源に対する集中的な開発投資を促進することであった(周 2013).

先に述べたように「西部大開発」は,中国の重要な国家戦略と位置付けられており,その対象範囲は,西部地域の四川,貴州,雲南,陝西,甘粛,青海,新疆,チベット,寧夏,重慶の各地域に内モンゴル,広西を加えた12地域(6省,5自治区,1直轄市)とし,全国総面積の7割を占める大規模な開発事業である.対象人口は3億5千5百万人であり,中国全人口の3割程度に相当する.西部地域は,生産環境が悪く,干ばつ,水害,砂嵐,鼠害などの災害にたびたび襲われ,土砂流失,砂漠化などが進行している.西部地域は,総じて自然資源が乏しく,劣悪な生態環境が社会・経済発展を阻害している(大澤 2005).

「西部大開発」の必要性に関して小川(2005)は表2-1に示す4つの側面を指摘している.そのなかで,特に農業および環境と関連するのは以下の2つの論点である.

第一は,所得格差拡大である.貧困地域の多くは中西部地域に集中しており,そうした地域には農牧民が多く,また少数民族が多く居住している.つまり,所

表2-1　西部大開発の必要性

①	所得格差拡大:三農問題,マクロ経済成長制約少数民族問題,社会不安
②	経済成長と資源・エネルギー・環境保全:資源・エネルギー確保,天然資源の効率的利用,インフラ整備(輸送・情報通信),社会環境整備,環境保全
③	マクロ経済調整:地方政府の排他的慣行排除,失業・社会保障政策,インフレ対策(マクロコントロールの確保),デフレ対策(内需拡大),産業構造調整(民営企業の発展),市場経済化,規制緩和
④	国際環境:WTO加盟インパクト(農業・サービス・流通部門での市場開放,国際競争力確保,市場経済秩序確立),アジア通貨危機後の人民元切下げ論,輸出増加(外貨準備増)による人民元切上げ論

資料:小川(2005)表1を転載.

得格差の問題は，都市と農村の格差だけでなく，少数民族を含む地域経済の格差という二重の構造となっている．特に都市・農村問題に関しては，農村の経済成長，農業の振興，農業の所得拡大と負担の低減を図り，中国に深く根付いている三農問題を解決する糸口となることが期待されている．

第二は，経済成長と資源・エネルギー・環境保全である．東部沿海諸省の経済成長が，資源，エネルギー不安および環境破壊などの経済成長の制約条件を生み出している．1998年の長江，松花江の大洪水，2000年の黄砂被害，華北地域を中心とする水不足問題，都市化・工業化に伴う大気汚染，工場や家庭から排出される水質汚染，産業廃棄物や生活ごみの急増などの解決として，大河川流域における生態系保護を含めた総合的な環境保護が必要とされている．特に，水不足は農業にとって影響が大きく社会・経済発展の大きな制約要因となっている．

また，「西部大開発」における重要施策に関して大澤（2005）は，表2-2に示す6点を指摘している．それらは，①インフラ建設の加速，②生態環境保護の強化，③産業構造の調整，④科学技術・教育・文化・衛生事業の発展，⑤農業基盤の強化，⑥対外開放の進化であり，水利施設，道路，鉄道，空港などの交通整備および都市基盤施設の整備とともに生態系の保全を重点分野と定め，公共投資を重点配分し，開発のインセンティブ強化を図っている．その中でも「西部大開発」に

表2-2　西部大開発における重要施策

①	交通，情報，通信など沿海地域との連係ネットワークインフラの整備，都市インフラの整備によって，生活水準の向上を図り，人口移動を促し，東部地域との交流を深める．
②	生態環境を保護することによって，西部地域の土砂流失，砂漠化の進展に歯止めをかける．環境の保護と改善に力を入れる．農業および畜産業における過度の開墾と放牧を防ぐために，退耕還林・退耕還草が奨励されている．
③	産業構造の調整によって，西部地域の技術レベルの低さ，生産効率の悪さ，競争力の低さを改善する．特に，技術革新によって，原材料生産および加工産業と第一産品加工業の生産技術と品質向上を図る．また，西部地域に多くの少数民族が集中していることから，独特な民族文化と地域文化を利用し，観光業も発展させる．
④	科学技術，教育の奨励によって，西部地域の科学技術の発展を図り，教育水準の低い現状を改善し，人材を育成する．
⑤	農村余剰労働力の吸収の観点からも，都市開発を促進し，農村に対するハブ機能をもたせる．このことによって，西部への人口流入を招くとともに，農村の底上げが進むことが期待されている．
⑥	対外開放を進化させ，所得税減税など投資環境を改善し，外資を導入する．

資料：大澤（2005）より筆者作成．

おける重点政策の一つが，西部地域の土砂流失や砂漠化の問題を改善する生態環境の保護である．農業，特に畜産業における過放牧と過耕作を防ぐために，「退耕還林」政策が推奨されている．「退耕還林」政策は，「西部大開発」において，重要な環境対策として位置づけられている（表2-2の②・③・⑤）．

「西部大開発」は，歴史的にも類をみない大規模な開発計画であり，その意味においても非常に意義深いものであるとともに，難易度も高いものとなっている．これは，自然条件と環境生態面に由来するものもあれば，社会的人文地理的環境がもたらした様々な潜在的障害に起因するものもあり，また，国内市場と市場競争態勢の変化がもたらす一層激しい競争に由来するものでもある（陳2001）．

5. 中国内モンゴルにおける「退耕還林・還草」政策を巡る動き

5-1.「退耕還林・還草」政策の変遷

「退耕還林・還草」政策が実施されるに至った直接的な背景は，1998年の長江，松花江の大洪水である．被害を大きくした一因を山地における農田開発と考えた国務院は，同年のうちに「全国生態環境建設規画的通知」を発布した（中村 2005）．「退耕還林・還草」政策は，中国政府が1999年に開始した造林政策であるが，政策が打ち出された背景には，以下の2つの状況が大きく関わっている（杜 2004）．第一に，深刻化していく生態環境の悪化に対し，国民全体の懸念が強くなり，中央政府および地方政府は，生態環境の再生を重視するようになったこと，第二に，当時中国では，米，とうもろこしなどの食糧生産が過剰な状況にあり，特に，とうもろこしの販売不振により在庫が大量に発生したために，過剰である食糧作物の栽培面積を減らし，作物構造を調整することが基本的な政策課題として認識されるようになったことである．

「退耕還林・還草」政策の主な目的は，生態環境の保護・改善方針に基づいて，表土流出が起こりやすい傾斜面の耕地と砂漠化しやすい耕地を対象として，計画的，段階的に耕作を停止させ，高木に適した土地には高木を，灌木に適した土地には灌木を，草に適した土地には草を植えるという「高木・灌木・草結合」の原則により，それぞれの土地に適した植物を植え，森林と草地の植生を回復することである．この政策は国土保全のための画期的な政策として，土壌の流出と砂漠化の抑制，農業生産条件の改善を図り，生態環境の改善と農林業の持続的発展を目指すものである（譚 2004）．そうした「退耕還林・還草」政策開始時点におけ

表2-3　「退耕還林・還草」政策時点における環境破壊の状況

①	土砂流失：国土面積の38%に相当する367万 km^2 で流出が生じており，毎年新たに1万 km^2 の土地が失われている．
②	砂漠化：毎年2460km^2 が砂漠化している．
③	濫伐，天然材の破壊：大面積の破壊による貯水能力，砂防能力の低下と同時に，開墾，傾斜地での耕作，湖沼の埋立てによる自然災害が増加している．
④	草地の退化，砂漠化，アルカリ化（「三化」）の増加：三化面積は1億3500万ha，毎年200万haの速度で土地の「三化」が進んでいる．
⑤	生物多様性の危機：15～20%の動植物が生存の危機に晒されている．

資料：小林（2007）より筆者作成．

る中国の環境破壊の状況に関して，小林（2007）は「全国生態環境建設規画」より以下の5点を整理している．それらは，①土壌流失，②砂漠化，③濫伐，天然材の破壊，④草地の退化，砂漠化，アルカリ化の増加，⑤生物多様性の危機である（表2-3）．

「退耕還林・還草」政策は実施当初，10年で3,200万haの新規造林を目指すことを目標として掲げていた（佐藤ら 2008）[注7]．第一期である2000年から2005年までの間は，生態環境のこれ以上の悪化に取りあえず歯止めをかけること，2005年から2015年までの第二期には，人為的な要素による表土流出と荒漠化を消滅させ，25度以上の傾斜耕地の全てで還林・還草を実施するとしていた．その後，2015年から2030年の間に，広域にわたる生態環境の明らかな改善を実現することを計画していた．このような段階を経て，長期目標として，山河の美しい西北地域と，山紫水明の西南地域を再生することを掲げていた（高 2008）．「退耕還林・還草」政策は自然環境を優先することを第一義としながらも，国土保全と農牧民の生活安定および農村振興の推進も目的として含まれている．「退耕還林・還草」政策は，「退耕還林・封山緑化・以糧代賑・個体承包」というスローガンのもと実施されている．「退耕還林」とは「急傾斜地の耕作をやめて造林する」こと，「封山緑化」とは「林地での放牧を禁止し緑化を促す」こと，「以糧代賑」とは「農家世帯に代替的な食糧を与えて実行を促す」ことあり，「個体承包」とは「造林とその管理は個人請負制とする」ことを示している（佐藤ら 2012）．

「退耕還林・還草」政策は，1999年から四川，陝西，甘粛の3省を実験地として，試験的に政策が開始された．2000年3月に，政策の意義，実施原則，補助政策などを明示した通達が出されて以降，貴州，山西，重慶，新疆など全国13の省（区，市）174県に拡大した．2000年9月の国務院「退耕還林政策の試験的工作をさらに行うことに関する若干の意見」では，省政府が実施上の全責任を負うことや食糧補助や現金補助の量および金額，さらには還林以後の請負経営期間などが明示された．「退耕還林・還草」政策が対象とする耕地は，傾斜勾配が25度以上の斜面にある耕地と，25度以下であっても表土流失が深刻な耕地・砂地・アルカリ性土地・石砂漠の深刻な耕地，および生態環境上は重要だが食糧生産量が少なくかつ不安定な耕地である．また，退耕還林の進め方としては，これらの対象地域内での耕作を計画的，段階的に中止して，生態林あるいは経済林に還していく方法をとっており，還林還草地域が設定されている（図2-1・図2-2）．これは，生態機能の回復と生態環境の改善といった2つの目的を同時に達成するためである．退耕還林による造林は生態林と経済林に分類され，全体の8割は生態林でなければならない（佐藤ら 2012）[注8]．なお，政府は果樹など経済性の高い樹木ばかり植栽されることを恐れ，用材樹木などの「生態林」と果樹などの「経済林」を区別し，その植栽比率を「8：2」となるように指導した．

2002年には3年間にわたる「退耕還林・還草」政策の実験段階が終了し，本格

図2-1　「退耕還林・還草」政策における禁牧区域

図2-2　「退耕還林・還草」政策の植林区域

的に全国展開が始まった．この 3 年間の実験段階において，政府や研究者の間でさまざまな意見が提起された．その結果，実験段階と比べ 2002 年の正式実施段階では以下に示す 3 つの大きな変化がみられたことを向（2006）は指摘している．第一の変化は，退耕還林の対象地域の規定である．実験段階では，退耕還林の対象として「25 度以上の傾斜地」と規定されていたが，「退耕還林条例」の第 15 条では，「(1) 水土流出が厳重な，(2) 沙漠化・アルカリ化・石漠化の厳重な，および (3) 生態的地位が重要で食糧生産量が安定しない耕地」の三種類が，退耕還林の対象として改められた．第二の変化は，補助期限の限定である．2000 年の段階では，地域の状況に応じて食糧補助期間が長期化される可能性も示唆されていたが，2002 年の「退耕還林政策を一歩進んで改善させるための措置に関する若干意見」（国発［2002］10 号）では，経済林 5 年，生態林 8 年という補助期間が一律に確定され，補助期間の延長を示唆するような言葉は一切省かれた．第三の変化は，苗木の供給についての規定である．退耕還林の実験段階の初期段階では政府が統一的に苗を選定して苗の現物を配給する方法がとられていたが,「退耕還林条例」の第 25 条では，種苗の供給について，「退耕還林に必要な種苗について，県レベルの人民政府が地元の実際の状況にしたがって集中的に購入してもいい．集中的に購入した場合，退耕還林者の意見を聞き，公開入札の方式をとり，書面の契約を締結し，国の規定する種苗費を徴収してはいけない」と規定された．

さらに，政策実施に伴う補助金を見ると，2003 年から各世帯に支給された額は全国 25 の省（区，市，自治区），2,279 県，農家 3,200 万戸で，平均 3,500 元となった．これは一人当たり年間純収入の約 10%，西部地区では 20%以上，寧夏回族自治区と雲南省の一部の県では 45%以上に相当する（呉 2009)．「退耕還林・還草」政策の結果，2012 年末までに，森林面積が累計 2,940 万 ha 増加し，中国の国土面積の 82%を占める同プロジェクトの対象エリアにおける森林のカバー率は平均で 3 ポイント増加した．中国政府は，同プロジェクトに対し，2012 年末までに 3,247 億元の巨費を投入し，1.24 億人の農民が直接受益しているとされ，「史上最大の生態回復，農業・農村・農民に対する優遇プロジェクト」として位置付けられたと石川（2014）は指摘している．

5-2.「退耕還林・還草」政策における補助事業

「退耕還林・還草」政策では，造林農家への食糧の直接補助制度が設けられている．食糧補助基準については，2003 年 3 月 14 日に，国家発展計画委員会・国家食糧局など6つの中央部局が「退耕還林・還草の食糧支給暫定方法」を定めた．そこでは，毎年1畝当たりの退耕還林地に対する補助を未加工の穀物（籾つき）で計量し，長江上流地域では年に150kgの補助を，黄河流域と北方地域においては，年に100kgの補助を行うことが定められている．1ha当たりに換算すると長江流域で約2,250kg，黄河流域で約1,500kgであった．補助される穀物の比率は，原則として小麦が50%を下回ってはいけないことが規定されている．また，「食糧を1kg当たり1.4元で換算して，中央財政が負担し，省単位で決算する．食糧の運搬費用を地方政府が負担し，農家に転嫁してはいけない」と明記し，さらに，食糧補助方式について実物支給を強調し，「各地がいかなる手法で補助食糧を現金に換算して支給することを禁止する」と規定した（向 2006）．すなわち，いかなる場合であろうと，補助する食糧は現物であり，現金あるいは現金に換わる金券などによって支給してはならないということである．

現金補助に関しては，「農家が退耕還林の最初の数年間，医療，教育費の現金支出の需要を鑑み，中央財政が対象農家に一定の期間，退耕1畝当たり20元を支給する」ことを規定している．食糧と現金の補助期間は，還草では2年，還経済林では5年，還生態林では8年である．また，食糧と現金の補助期限については，2000年に出された「食糧支給暫定方法」において，「実験地の状況によって，補助が必要である限り補助していき，再び木を伐採して開墾することを防ぐ」と定められており，地域の実情に対応して食糧補助期間が長期化する可能性を向（2006）は指摘している．

さらに「退耕還林・還草」政策の更新内容によると，補助基準としては長流流域および南方地域では1畝当たり年間105元，黄河流域および北方地域では70元とし，苗木代は両地域とも100元に変更された．従来の1畝当たりの現金20元の補助金は継続給付とされた．補助期間も同様に生態林8年，経済林5年，植草の場合2年とし，2006年末までに補助金が打ち切られた者には，2007年から契約更新による補助の給付が始まり，2007年以降満期となる者には，満期後の年から補助の継続給付が始まるとした．2007年9月に国務院は，耕作をやめて森林に戻す「退耕還林・還草」プロジェクトの補助金支給期限を今後8年間延長するために2,000億元以上の資金を投入することを決議した．退耕還林・還草の補助金のうち，2007～2014年の農民への補助金を年1,000億元とし，残りの補助金1,000億元を地方政府に譲渡し，退耕還林・還草事業の成果を固める政策として，後続産業育成（地域に適する産業育成），基本自家用農地建設，生態移民，現有工程林分補植，封山禁牧（森林伐採と林内放牧の禁止）を遂行するとした（吉野・八木 2008）.

他方，農家において穀物と現金補助を受ける条件は，自主的に自分の農地から退耕還林・還草する場所を選定して届け出ること，植林の活着率と保存率が基準値を上回ることである．基準値としては，一般地域にあっては植林の活着率が85%，旱魃や半旱魃地域では生態林の場合は70%以上，経済林の場合は85%以上，還草の場合は，1m^2当たり15株以上確認される場合に合格となる．そして，補助の程度は毎年の検査結果によって異なり，3年目以後で基準に達しなかった場合は，補助が打ち切られるほか，退耕還林・還草を実施していない農家には罰金が課せられる（吉崎ら 2006）.

「退耕還林・還草」政策は，2005年までは順調に実施面積を増やしてきた．しかし，2004年には，食糧補助が現物から現金補助へと変更されたこと，2005年には食糧自給を促すために口糧田（自家消費用食糧生産田）の建設が義務づけられるなど，決して順調ではなかった．計画では，2006年から2010年に133.3万haの退耕が予定されていたが，2006年には26.7万haのみが実施され，それ以外は暫時停止するという政策自体の見直しが行われた．当面は傾斜25度以上の耕地の実情調査を優先することが政策停止の理由とされているが，小林（2009）は「実際の要因は，退耕後の農家の生計維持が困難なことや還林地の保守管理が悪く造林の成果が上がってこないことにあろう．造林の活着率の低さは補助金の支給や林権証（林地の請負経営権と林木の所有権を示す証明書）の発給とも関連するだけに重要な問題である」と指摘している．「退耕還林・還草」政策の開始当初は，「造林地を伐採することなく維持管理するインセンティブが保たれるか否かが議論されたが，現在の状況ではむしろ条件の良くない坡地での耕作を広げるインセンティブも造林地の伐採インセンティブも存在しているようにはみえず，むしろ高齢化が今後進んでいくにしたがって耕作放棄も進んでいくのではないか」と佐藤ら（2012）は危惧している.

6. 中国内モンゴルにおける「生態移民」政策を巡る動き

中国で「生態移民」政策が最初に行われたのは，1980年代のことであった．内モンゴルの南に位置している寧夏回族自治区の南部山岳地域は，日常生活の成立が困難なほどに生態環境が悪化したため，政府は1982年に当該地域を「特困地区

（特別貧困地区）」に指定し，その地域の住民を国家の主導で外部へと移住させるようになった．これが中国における「生態移民」政策の始まりであり，寧夏で採用されたこの方策は，1986年以降，他の「特困地区」にも導入されるようになった（シンジルト 2005）．

「生態移民」政策が環境保全対策として取り上げられ，「生態移民」という言葉が研究論文で使用され始めたのは，1993年の三峡ダム移民に関する研究が発端となっている（シンジルト 2005）．環境対策として，公の場で使用されるようになったのは，「退耕還林・還草」政策後である．「生態移民」政策の正式名は「囲封転移戦略」であり，「囲封転移戦略」はその文字通り，囲んで封じ，移転させるという意味である．「生態移民」政策は，これまでのような穏健な対策と比べ，強固な戦略として実施され，移転の具体案が生態系保護のための移住や移転であり，対象となった放牧地域の牧畜民は，移民政策によって移住を強いられることとなる．「生態移民」政策は，「今日では一般的に環境保護の目的で住民を移住させること（その人々）を指すが，退耕還林を実施するに当り，生計維持が困難となる地域の人々を他のところに移民させるという，いわば退耕還林プロジェクトの補助策として登場したのである．」（巴圖 2007）[注9] といえる．それを裏付けているのが2002年12月に国務院令（第367号）として公布された「退耕還林条例」である．その第4条と第54条に「退耕還林・還草」政策と結合して「生態移民」政策を実施することを奨励し，対象農家の生活，生産において補償を与えることが明記されている．

また，「生態移民」政策が実施された2000年以前の初期段階では，生態環境の保全というよりは，むしろ貧困層の人々の生活を支援することに目的の重点がおかれていた（那木拉 2009）．環境の脆弱な地域で暮らしている農牧民に対し，新たな村や町を建設し，農牧民を移住させ，自立的な経営への転換を図るという貧困対策でもある．例えば，家畜の放牧を続けてきた牧畜民に対し，これまで住み続けてきた地域から都市近郊部へ移住させ，そこで換金性の高い乳牛飼養が行われている（長命・呉 2012）．

このような政策を文化的側面から見ると，移民は従来の遊牧文化から農耕文化への移転を強いられた側面が強い．遊牧民は，季節遊牧のコミュニティを形成しているが，移住によって，定住化した新たなコミュニティを強いられることとなった．そのなかでは従来の遊牧文化が継続されず，生活習慣の転換，文化的基礎の喪失の結果，多くの人々が放浪してしまう事態も生じている．また経済的側面から見ると，移住のために家畜を売却した遊牧民は，自由な移動生活を送ることが困難な状況となっている（牧 2012）．実際問題として，生態移民たちのほとんどは内モンゴルでは最貧困層に分類され，生活困難のため，多くの生態移民たちは生態移民村を離れ，都市や町に出稼ぎに行く，遊牧地域に戻るなどしており，生態移民政策は「名存実亡」状態にあると言っても過言ではない（思・宝 2014）．

内モンゴルでは，2000年より砂漠化の防止，また草原の生態環境回復を目的に「生態移民」政策が実施されてきたが，地方政府の独断と解釈に沿って進められ，遊牧民の生活あるいは生態環境の回復という目的は失われているのが現状である．巴圖・小長谷（2012）は，「生態移民」政策に関して以下の3点の課題を指摘している．第一に，生態移民政策における基本概念認識の不一致である．第二に，生態移民政策の実態把握の不足である．第三に，典型的な事例研究と多様な実態の齟齬である．そして，そのうえで，総合的な研究の必要性を指摘している．また，今後の政策提言として，巴圖・小長谷（2012）は以下の3点を挙げている．第一に，生態移民政策を保障する制度の整理の必要性である．第二に，生態移民政策事業に対する正しい認識を持つことである．ここでは，重要なポイントして以下の2点を指摘している．第一に，移民農家を被害者とみなし，人文主義に立ち，移民の利益を確保することを前提条件とすることである．第二に，移民農家を弱者とみなし，社会全体で生態移民政策事業を進めることを基礎条件とすることである．そのうえで第三に，生態移民政策の実施と生態移民政策の研究がかけ離れており，研究成果が政策の執行に全く反映されていない点を指摘している．

7. おわりに

食糧増産と国民への安定供給を目指した1960年代以降，内モンゴルでは環境調和的ではない農地開拓と農業生産が展開されてきた．草原地域では遊牧から定住化への転換が図られる中で，在来種の伝統的放牧から販売目的の商業的牧畜業が展開することによって，草地と家畜頭数の不均衡を引き起こし，地域環境に過重な負荷をかけてきた．その結果，過放牧が進行し，草地の破壊的な利用が広がり，草地の退化や砂漠化などの生態環境問題が深刻化することとなった．これら問題の解決策として，生産請負制や草地請負制度などが提案されたものの，必ずしも当初設計した目標を達成しているとは言えない．その後，2000年前後より実施されてきた「西部大開発」および「退耕還林・還草」政策，「生態移民」政策は，生態環境の改善など一定程度以上の成果をあげているものの，本章で述べたように様々な問題を抱えている．生態環境の改善は短期間で解決できるものではなく，多くの時間と労力が必要である．また，様々な農業・環境政策は，中国内モンゴルにおける農業生産構造に影響を及ぼすだけでなく，農牧民の生活にも多大な影響を及ぼしている．今後は，長期的に顕在化している課題，今後発生するであろう課題に対し，どのような改善策・解決策を提示していくか，現場と連携した効果的かつ柔軟な対応が望まれる．

注 1）内蒙古自治区人民政府〈http://www.nmg.gov.cn/quq/mengc/201506/t20150615_398108.html〉2016 年 8 月 7 日参照．

注 2）土地改革により自作農体制への移行が図られることとなったが，実態としては，依然主な生産手段の所有は零細であり，主要生産手段の所有関係ばかりでなく，労働力の質量にも大きな差が存在していた．主要生産手段を持たない農民は借金によって生産手段の取得を行ったり，あるいは再び土地を売却する者も現れ，両極化の再現が始まることとなった（藤田 1993）．

注 3）暁・池上（2015）は，内モンゴルにおける牧畜業における変化に関して，以下のように言及している．

「遊牧による牧畜業とは，移動しながら放牧し，放牧しながら移動することを基本とし，モンゴル族の自然災害から逃れる唯一の方法でもあった．移動時期は，天然牧草の春に緑色になり，夏に成長し，秋に実り，冬に黄色くなるという自然の法則に従い，水を求めながら 1 年に四回，すなわち，四季ごとに移動する．土地そのものを放牧地として使い，牧草は収穫しなかった．定住放牧とは，定住を前提に行われている牧畜業を指し，基本的に毎日家畜を放牧地に放牧し，夜は畜舎に戻し牧草を食べさせる飼育方式である．定住放牧の特徴は，草原を採草地（草の質がいい）と放牧地に分けることである．採草地では放牧を行わず牧草を取り，放牧地のみに放牧をする．この方式は，遊牧ほど放牧地を必要としない（そもそも放牧地不足により遊牧が不可能になったことが前提である）が，牧草を取るための労働力が必要とされる．このような，遊牧による牧畜業の定住放牧への転換は，粗放的牧畜業から労働集約的（畜産業ほどではないが）牧畜業に転換したともいえよう．」

注 4）張ら（2004）は，改革開放の初期段階である 1979 年から 1992 年までを計画経済と市場経済が並存していた段階とし，1993年以降，市場経済化が進展した段階と位置づけている．

注5）王（2001）は，以下の点を指摘している．1978年以降，重化学工業の発展が優先されていたが，農業と軽工業の成長を重視するように政府方針が変更され，綿花，搾油作物，麻類など，換金できる作物である「経済作物」の生産に重点が置かれるようになった．この政策の結果，1981年から1985年の5年間で農業は平均伸び率21.6%を示した．とくに乾燥たばこ，砂糖，油料，綿花はこの平均伸び率を大きく上回った．

注6）カシミヤは山羊の体毛の一部であるが，山羊の外側にある太くて硬い毛の中に生える産毛が原料である．この産毛は極微量であり，一頭の山羊からおよそ200gしか取れない．カシミヤを使ったセーターは山羊4〜7頭分，コートであれば30頭分の原料が必要となる（石 2008）．

注7）中国国土資源部の調査によれば，1997年から2009年の間に中国耕地面積は1.23億畝（1畝＝0.67ha）減少し，2009年の中国食糧播種面積は16.35億畝となり，食糧の自給自足の最低条件とされる18億畝を大きく下回った．中国政府は2009年6月に，食糧安全保障のために，「退耕還林・還草」政策を一時的に中止し，農地確保を優先することを決定した．

注8）呉（2009）によると，「生態林」とは，水土流失および風砂による危害などの減少といった生態効果を得ることを主要目的として造成される林木を指し，主に水土保全林，水源涵養林，防風砂固定林，竹林などを指す．他方，「経済林」とは，果物，ドライフルーツ，食用植物油の原料，飲料，調味料，工業原料，生薬などの生産を主要目的として造成される林木を指す．

注9）巴圖（2007）は，生態移民の概念について，以下のように指摘している．生態移民の概念は明確ではなく，様々な分野で，多様な意味で用いられている．例えば，「大河の流域地域を守るための移民，貧困問題を解決するための移民，砂嵐防止のための移民，水災害を防ぐための移民，水力施設建設のための移民，希少な野生動植物や観光名所を守るための移民」などが主であると言及している．

引用文献

阿柔瀚巴図（2003）:「中国内モンゴルの牧畜業における草地利用方式に関する研究」，『農業

経済研究報告』，35，pp.37-50.
巴圖（2006）：「内モンゴルにおける牧畜経営と耕種農業」，『横浜国際社会科学研究』，11（3），pp.21-43.
巴圖（2007）：「内モンゴル牧畜経営の実態と環境問題」『横浜国際社会科学研究』12（2），pp.27-50.
巴圖・小長谷有紀（2012）：「中国における生態移民政策の執行と課題—内モンゴル自治区を中心に—」，『人文地理』，64（1），pp.41-54.
兵　軍（2012）：「内モンゴルの砂漠化問題に関する中国の新聞報道」，『東洋大学大学院紀要』，49，pp.25-39.
陳　棟生（2001）：「内陸経済発展が直面する問題と西部大開発」，大西康雄編『中国の西部大開発』，42，pp.43-58.
長命洋佑・呉　金虎（2012）：「中国内モンゴル自治区における生態移民農家の実態と課題」，『農業経営研究』，50（1），pp.106-111.
杜　富林（2004）：「退耕還林還草政策の展開と地域農業の変化—内モンゴル卓資県を事例に—」，『地域地理研究』，9，pp.18-28.
高　明潔（2011）：「西部大開発における開発援助関係に関する試論—寧夏・内モンゴルを例として—」『愛知大学国際問題研究所紀要』，138，pp.63-88.
暁　剛・池上彰英（2015）：「近現代における内モンゴル東部地域の農業変遷—遊牧による牧畜業から定住放牧と耕種農業に至る過程—」，『明治大学農学部研究報告』，64（3），pp.67-86.
向　虎（2006）：「中国の退耕還林をめぐる国内論争の分析」，『林業経済研究』，52（2），pp.9-16.
藤田　泉著（1993）：『中国畜産の展開と課題』，筑波書房，246pp.
石　弘之（2008）：『地球環境「危機」報告—いまここまできた崩壊の現実—』，有斐閣，352pp.
石川武彦（2014）：「中国における「生態農業」の取組—生態農業の産業化に向けた実践事例—」，『立法と調査』，353，pp.86-95.
内蒙古自治区人民政府：＜http://www.nmg.gov.cn/quq/mengc/201506/t20150615_398108.html＞，2016年8月7日参照.
内蒙古統計局（2009）：『内蒙古統計年鑑2008』，中国統計出版社.
伊藤操子・敖　敏・伊藤幹二（2006）：「内モンゴル草原の現状と課題」，『雑草研究』，51（4），pp.256-262.
沈　金虎（2006）：「中国における草原牧区の経済改革と草原退化・砂漠化問題—「家庭経営請負制は全ての草原地域に適切な経営制度なのか」—」，『生物資源経済研究』，11，pp.87-99.
小林熙直（2007）：「中国の退耕還林政策～現状と課題」，『アジア地域の環境対策の現状と課題　アジア研究シリーズ』，66，pp.117-136.
小林熙直（2009）：「中国の退耕還林プロジェクトとその効果」，『アジア研究所紀要』，36，pp.337-360.
クリルチムク（2010）：「内モンゴル自治区の社会変化と貧困—社会階層の視点から—」『奈良女子大学社会学論集』17，pp.295-309.
中村知子（2005）：「「生態移民政策」にかかわる当事者の認知差異—甘粛省粛南ヨゴル族自治県祁豊区B郷における事例から—」，小長谷有紀・シンジルト・中尾正義編著『中国の環境政策—生態移民—緑の大地，内モンゴルの砂漠化を防げるか？』，昭和堂，pp.270-284.
南石晃明著（2011a）：『農業におけるリスクと情報のマネジメント』，農林統計出版，448pp.
南石晃明編著（2011b）：『食料・農業・環境リスク』，農林統計協会，310pp.
那木拉（2009）：「牧畜民から生態移民へ—内モンゴル・シリーンゴル盟を事例として—」，『千葉大学人文社会科学研究』，18，pp.111-128.
大澤正治（2005）：「退耕還林・退耕還草について」，愛知大学国際中国学研究センター編『激動する世界と中国－現代中国学の構築に向けて－第2部』，pp.157-163.

王有喆（2001）:『中国の経済成長―地域連関と政府の役割―』，慶応義塾大学出版会，pp. 63-65.
小川春男（2005）:「中国西部大開発の有効性」,『亜細亜大学国際関係紀要』, 14（2）, pp.1-32.
朴　紅・坂下明彦・姚　富坤（2010）:「中国蘇南地域における農地転用と農地調整－江村の追跡調査（4）―」,『北海道大学農經論叢』，65，pp.117-130.
牧　仁（2012）:「中国内モンゴル地域における生態系保護政策の形成過程および課題についての研究」,『KGPS review』，18，pp.19-44.
劉　国興・奥　和義（2009）:「内蒙古自治区の経済発展と環境問題―「退耕還林」を中心に―」,『政策創造研究』，2，pp.39-68.
佐藤廉也・縄田浩志・ブホーオーツール・長澤良太・賈　瑞晨・張　文輝・侯　慶春・山中典和（2008）:「中国黄土高原における伝統的土地利用と退耕還林―陝西省安塞県の事例―」,『比較社会文化』，14，pp.7-21.
佐藤廉也・賈　瑞晨・松永光平・縄田浩志（2012）:「退耕還林から10年を経た中国・黄土高原農村―世帯経済の現状と地域差―」,『比較社会文化』，18，pp.55-70.
関谷正明・全　亮（2009）:「中国における砂漠化拡大に関する一考察―中国蒙古草原の事例調査―」,『千葉科学大学紀要』，2，pp.49-60.
蘇特斯琴（2005）:「中国・内モンゴル自治区における草地分割利用制度の導入と牧畜経営・草地利用の変化―シャロンチャガン旗を事例に―」,『季刊地理学』, 57（3）, pp.137-149.
蘇徳斯琴・佐々木達（2014）:「中国内モンゴル自治区における草地請負制度の変遷と草地利用への影響―シリンゴル盟を事例に―」『札幌学院大学経済論集』，7，pp.29-40.
思　沁夫・宝　花（2014）:「内モンゴルにおける生業と食の変容―「生態移民」に関する一考察―」『GLOCOLブックレット』，16，pp.9-22.
シンジルト（2005）:「中国西部辺境と「生態移民」」，小長谷有紀・シンジルト・中尾正義編著『中国の環境政策―生態移民―緑の大地，内モンゴルの砂漠化を防げるか？』，昭和堂，pp.1-32.
譚　金徳（2004）:「退耕還林政策の土地利用に関する経済的・環境的影響」,『開発学研究』, 14（3），pp.51-59.
王　雷軒（2010）:「成長が加速し始める中国の西部地域―「西部大開発」戦略の実態と展望―」,『農林金融』，63（8），pp.64-71.
呉　秀青（2009）:「内モンゴルの乾燥地域における「退耕還林政策」と食糧増産政策の実際―ホルチン左翼中旗A鎮を事例に―」,『水資源・環境研究』，22，pp.37-46.
烏力吉図（2002）:「内モンゴル高原における砂漠化の一要因―経済史の観点から―」,『現代社会文化研究』，24，pp.215-232.
吉崎真司・卓　拉・石倉　愛（2006）:「中国内蒙古ホルチン沙地における沙漠化／土壌劣化防止のための退耕還林政策の現状と課題」,『武蔵工業大学環境情報学部解説10周年特別号』，pp.115-121.
吉野正敏・八木久義（2008）:「第7章　自然資源の統合的管理の事例調査（海外）」,『平成19年度自然資源の統合的管理に関する調査』，＜http://www.mext.go.jp/b_menu/shingi/gijyutu/gijyutu3/shiryo/attach/1287185.htm＞，2016年12月1日参照.
双　喜（2003）:「内蒙古西部地域におけるカシミヤ生産と草原環境問題」,『農業経営研究』, 41（2），pp.147-150.
張　正斌・徐　萍（2007）:「退墾還林還草之後的　一歩思考」，中国科学院網，＜http://www.cas.cn/xw/zjsd/200906/t20090608_646832.shtml＞，2016年11月30日参照.
張　文勝・糸原義人・酒井義郎（2004）:「内モンゴルにおける牧畜生産の展開と実態」,『農業経済論集』，55（1），pp.109-121.
周　華（2013）:「中国の西部大開発における『退耕還林』政策」,『地域政策研究』，16（1），pp.65-74.

第3章　内モンゴルの農業生産構造変化

1. はじめに

内モンゴルは，総面積の70%強が草原で占められている牧畜を主産業とする地域である（伊藤ら 2006）．改革開放以降，内モンゴルでは人民公社制や生産請負制などの土地制度に関する変革を経験してきた．そうした土地制度の変革は，農牧民の生産意欲を刺激するとともに農牧地の基盤整備などの資本投下を促し，農牧畜業（以下，農業とする）の高度化を促進させた（澤田 2004）．しかし，こうした発展は草原などの自然環境と調和したものではなかった．農業の急速な拡大は，草原の退化および砂漠化を引き起こす要因となった．内モンゴルでは農業産業化が推進されるなか，草原環境を保全しながらいかにして牧畜業を中心とした農業生産を維持・発展させていくかが重要な課題となっている．

これまでの内モンゴルの農業生産に関する研究として，張ら（2005）は，牧戸経営における収益構造を分析し，牧戸経営では，単純労働に依存し，かつ労働力を上回る経営規模の拡大が非効率な資源利用を引き起こすとともに，草原環境に大きな負荷を与え，収益性の停滞を招いていることを明らかにしている．鬼木・双（2005）は，内モンゴルでは草地における使用権の個別化がなされているが，個別化だけで過放牧の問題を解決することは困難であると述べている．鬼木・根（2006）は，牧畜経営の経済効率と過放牧との関係を調べ，深刻な砂漠化を経験した牧民は人口圧が高くなっても経済的に非効率な水準まで家畜を増加させるような行動は取りにくいことを指摘している．このように，内モンゴルの農業生産に関する研究では，農牧民の経営構造の把握および過放牧の是正による環境保全への方策などに視点を当てたミクロレベルからの研究が多く，マクロレベルから内モンゴルの農業生産構造を解明した研究は少ない．その理由として，内モンゴルでは2000年以前には，詳細な統計資料が整備されていなかったことが一因として挙げられる．2000年以降，農業生産構造に関する問題を取り上げた研究として，呉（2004）は，3級行政レベル101の旗を対象に主成分分析を行い，農産物生産力および畜産物生産力に与える要因をパス解析により明らかにしている．杜・松下（2010）は，主成分分析を用いて，101の旗を17の都市地帯，84の農牧畜業地帯に区分し，それらの地帯における経済活動の特徴を類型化している．しかし，こうした研究蓄積は少ないうえに，それらは単年度における横断分析であり，複数の時点を取り上げた研究は少ない．

そこで本章では，統計資料が整備され始めた2000年および2007年の2時点を取り上げ，農業生産構造の変化および農牧民所得の規定要因を明らかにすることを課題とする．具体的には，急速な経済発展や資本投下の増加に伴い，伝統的・粗放的な生産方式から収益性と投下資本の有効活用を重視する近代的，集約的な生産方式への転換が図られたか否か，転換が図られたとすれば，どのような作物および家畜に転換したか，そうした変化は農牧民所得にいかなる影響を及ぼしたのかを検証する．

以下，次節では分析に用いたデータおよび方法について述べる．続く第3節では，主成分分析を用いて，内モンゴルにおける農業生産構造の把握を行う．第4節では，それら農業生産構造が農牧民所得に及ぼす規定要因をパス解析を用いて明らかにする．最後，第5節では結論と今後の課題について述べる．

2. 分析に用いたデータおよび方法

本章では，前節で示した課題への接近として，2000年および2007年の2時点を取り上げ，農業生産構造の変化の把握および農牧民所得の規定要因の解明を行う．分析における仮説の枠組みは，図3-1に示すとおりである．これらの関係を実証的に検証するために，分析手法として，主成分分析を行った後，それら析出された主成分を用いてパス解析を行った．分析に用いた変数は表3-1に示す，土

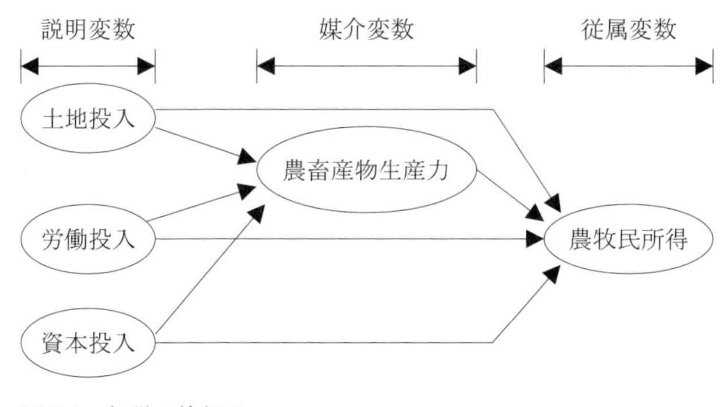

図3-1　仮説の枠組み

表 3-1　分析に用いた変数の基本統計量

	変数名			変数の定義
土地投入	Ver.1	耕地率	(%)	耕地面積 (a) (b) /土地面積 (a)
	Ver.2	水田面積率	(%)	水田面積 (b) /耕地面積 (a) (b)
	Ver.3	畑面積率	(%)	畑面積 (b) /耕地面積 (a) (b)
	Ver.4	灌漑面積率	(%)	灌漑面積 (b) /耕地面積 (a) (b)
	Ver.5	小麦作付率	(%)	小麦作付面積 (b) /作付面積 (b)
	Ver.6	とうもろこし作付率	(%)	とうもろこし作付面積 (b) /作付面積 (b)
	Ver.7	豆類作付率	(%)	豆類作付面積 (b) /作付面積 (b)
	Ver.8	イモ類作付率	(%)	イモ類作付面積 (b) /作付面積 (b)
	Ver.9	油類作付率	(%)	油類作付面積 (b) /作付面積 (b)
	Ver.10	甜菜作付率	(%)	甜菜作付面積 (b) /作付面積 (b)
	Ver.11	平均気温	(℃)	年平均気温 (c)
	Ver.12	年間降水量	(mm)	年間降水量 (c)
労働投入	Ver.13	耕種農業労働者率	(%)	農村耕種農業労働者数 (b) /農村労働者数 (b)
	Ver.14	牧畜農業労働者率	(%)	牧畜農業労働者数 (b) /農村労働者数 (b)
	Ver.15	工業労働者率	(%)	工業労働者数 (b) /農村労働者数 (b)
	Ver.16	建築業労働者率	(%)	建築業労働者数 (b) /農村労働者数 (b)
	Ver.17	小売業労働者率	(%)	小売業労働者数 (b) /農村労働者数 (b)
資本投入	Ver.18	農家一戸当たり農牧畜業用機械動力	(kw/戸)	農牧畜農業用機械動力 (a) /農村農家戸数 (b)
	Ver.19	農家一戸当たり電気使用量	(kw/戸)	農村電気使用量 (a) /農村農家戸数 (b)
	Ver.20	利用面積当たりビニール使用量	(kg/ha)	ビニール使用量 (b) /利用面積 (b)
	Ver.21	農家一戸当たり重油使用量	(kg/戸)	重油使用量 (b) /農村農家戸数 (b)
	Ver.22	耕地面積当たり農薬使用量	(kg/ha)	農薬使用量 (b) /耕地面積 (a) (b)
	Ver.23	農家一戸当たり牛飼養頭数	(頭/戸)	牛飼養頭数 (b) /農村農家戸数 (b)
	Ver.24	農家一戸当たり綿羊飼料頭数	(頭/戸)	綿羊飼養頭数 (b) /農村農家戸数 (b)
	Ver.25	農家一戸当たり山羊飼養頭数	(頭/戸)	山羊飼養頭数 (b) /農村農家戸数 (b)
	Ver.26	農家一戸当たり豚飼養頭数	(頭/戸)	豚飼養頭数 (b) /農村農家戸数 (b)
	Ver.27	牛飼養率 (注2)	(%)	牛飼養頭数 (b) /羊換算年末家畜頭数 (注3) (b)
	Ver.28	綿羊飼養率	(%)	綿羊飼養頭数 (b) /羊換算年末家畜頭数 (b)
	Ver.29	山羊飼養率	(%)	山羊飼養頭数 (b) /羊換算年末家畜頭数 (b)
	Ver.30	豚飼養率	(%)	豚飼養頭数 (b) /羊換算年末家畜頭数 (b)
農畜産物生産力	Ver.31	作付面積当たり小麦生産量	(kg/ha)	小麦生産量 (b) /小麦作付面積 (b)
	Ver.32	作付面積当たりとうもろこし生産量	(kg/ha)	とうもろこし生産量 (b) /とうもろこし作付面積 (b)
	Ver.33	作付面積当たり豆類生産量	(kg/ha)	豆類生産量 (b) /豆類作付面積 (b)
	Ver.34	作付面積当たりイモ生産量	(kg/ha)	イモ生産量 (b) /イモ作付面積 (b)
	Ver.35	作付面積当たり油類生産量	(kg/ha)	油類生産量 (b) /油類作付面積 (b)
	Ver.36	作付面積当たり甜菜生産量	(kg/ha)	甜菜生産量 (b) /甜菜作付面積 (b)
	Ver.37	農家一戸当たり牛肉生産量 (注2)	(kg/戸)	牛肉生産量 (b) /農村農家戸数 (b)
	Ver.38	農家一戸当たり山羊肉生産量	(kg/戸)	山羊肉生産量 (b) /農村農家戸数 (b)
	Ver.39	農家一戸当たり豚肉生産量	(kg/戸)	豚肉生産量 (b) /農村農家戸数 (b)
	Ver.40	農家一戸当たり生乳生産量	(kg/戸)	生乳生産量 (b) /農村農家戸数 (b)
	Ver.41	農家一戸当たり綿羊毛生産量	(kg/戸)	綿羊毛生産量 (b) /農村農家戸数 (b)
	Ver.42	農家一戸当たり牛出荷頭数 (注2)	(頭/戸)	牛出荷頭数 (b) /農村農家戸数 (b)
	Ver.43	農家一戸当たり山羊出荷頭数	(頭/戸)	山羊出荷頭数 (b) /農村農家戸数 (b)
	Ver.44	農家一戸当たり豚出荷頭数	(頭/戸)	豚出荷頭数 (b) /農村農家戸数 (b)
所得	Ver.45	農牧民所得 (注4)	(元)	農牧民一人当たり所得 (a) (b)

注 1 : 使用した統計資料は，以下の記号で示している．

(a) : 内蒙古統計局編「内蒙古統計年鑑 2001」および内蒙古統計局編「内蒙古統計年鑑 2008」

(b) : 国家統計局蒙古調査総隊編「内蒙古自治区農村牧区社会経済統計年鑑 2001」および国家統計局蒙古調査総隊編「内蒙古自治区農村牧区社会経済統計年鑑 2008」

(c) : 内蒙古自治区地図制印編「内蒙古自治区地図冊」

注 2 : 肉用牛と乳用牛を含んだ数値である．

注 3 : 羊換算とは内モンゴルにおける異なる畜種間の換算単位である．成畜綿羊 1 頭=1 羊単位，成畜山羊 1 頭=0.9 羊単位，成畜牛 1 頭=5 羊単位となっている．家畜が食べる牧草量を計る単位に基づいた単位である．

注 4 : 農牧民所得は，デフレートは行わず分析に用いた．なお，2000 年から 2007 年にかけての消費者物価指数の上昇率は 17.4%であった．

2000年		2007年	
平均値	標準偏差	平均値	標準偏差
14.4	13.3	13.6	12.7
1.1	2.6	0.7	1.4
68.8	33.0	66.1	37.0
30.1	32.8	33.3	37.2
11.2	14.0	7.7	11.8
20.2	14.3	26.8	20.0
10.8	15.5	8.1	12.4
11.3	15.4	11.8	16.8
17.4	17.0	7.8	9.1
0.8	1.6	0.4	1.1
4.1	2.9	4.1	2.9
337.7	94.6	337.7	94.6
59.3	29.4	50.2	27.1
25.2	32.3	28.7	32.5
1.9	2.4	3.3	3.0
2.5	2.6	4.4	4.0
2.1	1.4	3.0	4.1
11.1	36.0	13.3	36.9
832.4	2536.1	1375.7	3538.4
73.8	79.3	108.4	174.3
442.9	2534.0	378.9	1818.8
1.2	1.0	2.8	3.7
4.6	10.9	4.8	14.9
29.0	53.7	29.7	51.9
15.0	23.1	15.5	21.1
2.1	3.3	1.6	2.0
28.9	19.8	32.3	21.4
35.5	17.3	38.6	18.4
21.3	19.7	23.0	22.6
14.3	14.1	6.2	6.9
2285.1	1696.7	2351.3	2169.1
3782.1	2814.0	4054.1	2915.5
873.3	773.9	1186.0	1524.3
2768.4	2111.2	5341.9	5984.4
967.0	843.0	1135.6	866.8
13903.0	13519.1	17396.8	21219.0
274.6	541.2	344.8	1007.7
443.3	981.4	689.3	1135.7
247.8	399.3	146.3	240.9
1773.1	7844.2	7048.2	27891.9
67.4	116.0	72.7	122.4
2.0	3.8	2.1	6.0
27.4	57.5	40.2	64.7
2.6	3.9	1.8	2.5
2210.4	825.0	4507.9	1462.0

地投入，労働投入，資本投入，農畜産物生産力および農牧民所得に関する45の合成変数である．分析では，土地投入，労働投入および資本投入に関する変数は説明変数として，農畜産物生産力に関する変数は媒介変数として用い，農牧民所得に対する影響を明らかにする．

こうした課題に対する接近方法として，演繹的な分析と帰納的な分析が考えられる．前者の方法論に関しては，強い仮説に基づき変数選択を行い，その仮説を検証するという方法がとられている．伝統的な生産要素を用いた農業の生産性に関する分析では，時系列データを用いた生産関数分析による規定要因の解明が行われており，様々な形の生産関数の計測モデルが開発されてきた[注1)]．他方，帰納的な分析方法は，できる限り広範にデータ収集を行い，大量データの分析結果から仮説を構築していく方法である．この方法の特徴として，分析の枠組みは探索的な分析方法に基づくゆるやかな仮説の検定であるため，ファクトファインディングによる予期せぬ要因の把握が可能となることが挙げられる（河村 2001）．特に，市場経済の浸透が遅れている中国内陸地域である内モンゴルの農業生産の構造把握および農牧民所得を規定している要因を明らかにする際，複雑で多様な社会現象を形成していることが考えられるため探索的な分析方法が重要と考える．

ゆえに本章における分析では，土地投入，労働投入，資本投入が農畜産物生産力に影響を及ぼすとともに，それらが農牧民所得に影響を及ぼすという，ゆるやかな仮説を設定し，帰納的な分析方法に基づき分析を行う．また，広範囲で大量のデータを扱う分析を行うため，パス解析を行う前に主成分分析を行い，少数の合成変数を析出するとともに主成分得点を算出しその得点を用いてパス解析を行うことが有効であると考えた．

分析に用いたデータは，「内蒙古統計年鑑」および「内蒙古自治区農村牧区社会経済統計年鑑」，「内蒙古経済社会調査年鑑」，「内蒙古自治区地図册」で公表されており，利用できる最小の行政単位である3級行政レベルのデータである[注2)]．このデータを用いたのは、利用可能な最も小さな行政レベルのデータであるとともに、上位の行政レベルに比べ、農業生産構造の地域的特性を反映した形で農牧民所得の規定要因を明らかにすることが可能であると考えたためである。これらの統計資料では，内モンゴルの地帯区分として，国境地帯，牧畜地帯，半牧畜地帯，山老区地帯の4つの区分が分類されており，それらの地帯に分類されている全73の旗を分析対象地域とした[注3)]．

分析のフローチャートは図3-2に示すとおりである．第一段階として，統計デ

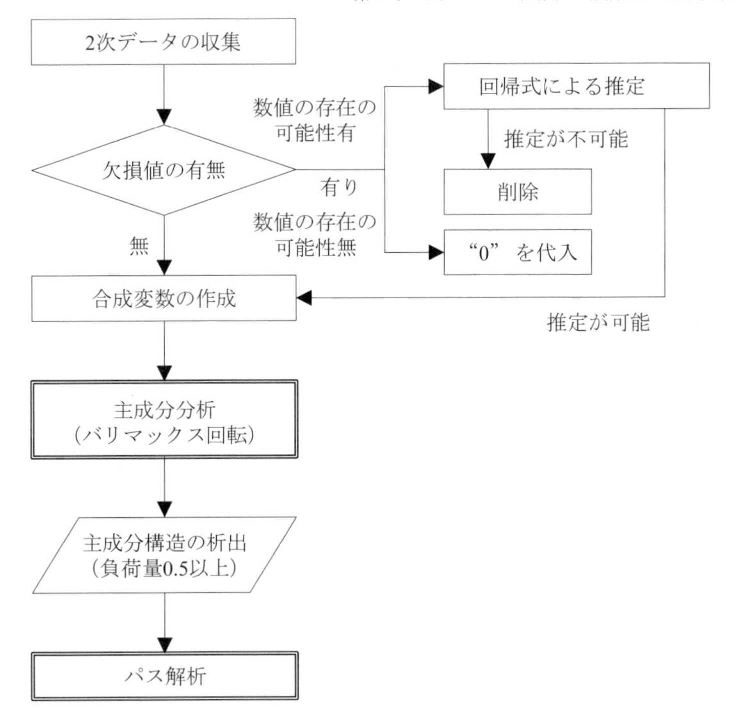

図 3-2　分析のフローチャート

ータを収集し，欠損値の処理を行い，データセットの構築を行った．用いたデータのなかで，農牧民所得の値が欠損値であった場合，推計は不可能である．3 つの旗において欠損値がみられたため，分析対象から削除した．それ以外に欠損値の処理を行ったのは，農作物に関する変数である．農作物の作付面積および生産量のどちらか一方が欠損値であった場合，回帰式により欠損値の推定を行い，推定値を代入した．ここで，農作物の耕地面積，作付面積および生産量の値すべてが欠損値であった場合，その地域では，その変数に関する作物生産が行われていないと判断し，“0” を代入した．以上の欠損値処理を行い，70 の旗を分析対象地域とした．

第二段階では，これらのデータより合成変数を作成し，それぞれの概念ごとに主成分分析を行った．主成分の析出基準は固有値 1.0 以上とし，析出された主成分構造の各主成分の意味を読み取るに際しては，主成分負荷量 0.5 以上の変数を重要変数と考え，主成分の意味づけを行った（河村 2001）．

最後，第三段階として，主成分分析より算出された主成分得点を用いてパス解析を行った．パス解析は，多変量回帰分析の一部であるが，使用変数を標準化することによって，説明変数の従属変数に対する直接的影響を計測できる手法である．つまり，パス回帰式では切片はゼロで，その標準化回帰係数であるパス係数（ベータ値）は，説明変数の従属変数に対する直接的影響度を表している（河村 2004）．なお，分析はSPSS18.0を用いて行った．

3. 主成分分析の結果と考察

3-1. 2000年の結果

2000年における分析結果は，表3-2～3-5に示すとおりである．

2000年の土地投入に関しては，4つの主成分が析出され，12変数の全分散の73.7%を説明している．第1主成分に主成分負荷量0.5以上の強さで関係している変数（以下，重要変数とする）は，畑面積率および年間降水量の2変数が正の負荷量を示し，灌漑面積および平均気温が負の負荷量を示していた．この主成分は，畑面積率が高い地域では，年間降水量も高いが平均気温が低く，灌漑面積率も低い地域であることを示していたため，「高畑面積率・低灌漑面積率」を意味していると考える．第2主成分では，とうもろこし作付率および平均気温が正の負荷量

表3-2　土地投入に関する主成分分析の結果（2000年）

	高畑面積率・ 低灌漑面積率	とうもろこし 作付率	高耕地率・ 甜菜作付率	高水田率・ 低イモ類作付率
畑面積率	**0.944**	-0.095	-0.062	-0.162
年間降水量	**0.676**	0.244	0.442	0.314
灌漑面積率	**-0.951**	0.081	0.056	0.103
平均気温	**-0.605**	**0.555**	0.267	0.122
とうもろこし作付率	-0.378	**0.618**	0.336	0.362
小麦作付率	-0.103	**-0.809**	0.053	0.052
油類作付率	0.066	**-0.785**	-0.104	-0.078
耕地率	0.193	0.322	**0.777**	-0.006
甜菜作付率	-0.287	-0.147	**0.710**	-0.069
水田面積率	-0.007	0.185	0.090	**0.765**
イモ類作付率	0.265	0.376	0.285	**-0.712**
豆類作付率	0.485	0.352	-0.057	0.439
固有値	3.201	2.463	1.601	1.580
寄与率（%）	26.679	20.528	13.346	13.164
累積寄与率（%）	26.679	47.207	60.553	73.717

注）：太字は主成分付加量が0.5以上の変数を示す．表3-3～3-9も同様．

で，小麦作付率および油類作付率は負の負荷量であったことから「とうもろこし作付率」を示すと考える．第3主成分は，耕地率および甜菜作付率の2変数が重要変数として寄与していた．耕地率の高い地域では甜菜の作付率も高い傾向にあることを示していたため，「高耕地率・甜菜作付率」を意味するといえる．第4主成分の重要変数は，水田面積率およびイモ類作付率の2変数であった．水田面積率の負荷量は正の値であり，イモ類作付率の負荷量は負の値であったため，この主成分は「高水田率・低イモ類作付率」を示すといえる．

労働投入では，2つの主成分が析出され，全分散の77.6%が説明された．第1主成分は，耕種農業労働者率および牧畜農業労働者率の2変数が重要変数であり，これらは逆相関の関係にあったことから「高耕種・低牧畜農業労働力投入」を意味すると考える．第2主成分の重要変数は，小売業労働者率，工業労働者率および建築業労働者率であり，「非農業労働力投入」であると考える．

資本投入に関しては，4つの主成分が析出され，13変数の全分散の81.8%を説明していた．第1主成分は，農家一戸当たり重油使用量，農家一戸当たり農牧畜業用機械動力および農家一戸当たり電気使用量の3変数で負荷量が0.9を超えていた．これら負荷量の強さより，第1主成分は「農業機械装備率」を意味すると考える．第2主成分の重要変数は表3-4に示す5変数が寄与しており，豚飼養率を除く4変数の負荷量は正の値であった．第2主成分は「綿羊・山羊飼養率」を意味する主成分である．第3主成分の重要変数は，牛飼養率が正の負荷量を，山羊飼養率が負の負荷量を示していたことから，「牛飼養率」を意味しているといえる．第4主成分は，耕地面積当たり農薬使用量が正の負荷量を，綿羊飼養率が負の負荷量を示す重要変数であったため，「農薬使用量」を意味すると考える．

表3-3　労働投入に関する主成分分析の結果（2000年）

	高耕種・低牧畜農業労働力投入	非農業労働力投入
耕種農業労働者率	**0.968**	0.082
牧畜農業労働者率	**-0.949**	-0.249
小売業労働者率	0.000	**0.833**
工業労働者率	0.157	**0.777**
建築業労働者率	0.353	**0.728**
固有値	1.986	1.896
寄与率（%）	39.719	37.912
累積寄与率（%）	39.719	77.630

表3-4　資本投入に関する主成分分析の結果（2000年）

	農業機械 装備率	綿羊・山羊 飼養率	牛 飼養率	農薬 使用量
農家一戸当たり重油使用量	**0.979**	0.080	0.070	0.034
農家一戸当たり農牧畜業用機械動力	**0.955**	0.117	0.067	0.038
農家一戸当たり電気使用量	**0.950**	0.067	-0.016	0.079
農家一戸当たり豚飼養頭数	**0.853**	-0.184	0.118	0.043
農家一戸当たり牛飼養頭数	**0.766**	**0.504**	0.285	0.063
利用面積当たりビニール使用量	**0.735**	-0.010	0.138	0.129
農家一戸当たり綿羊飼養頭数	0.137	**0.911**	0.176	-0.020
農家一戸当たり山羊飼養頭数	-0.068	**0.748**	-0.447	0.370
豚飼養率	-0.056	**-0.737**	0.277	0.078
牛飼養率	0.237	-0.079	**0.816**	0.310
山羊飼養率	-0.090	0.126	**-0.915**	0.233
耕地面積当たり農薬使用量	0.108	0.143	-0.044	**0.756**
綿羊飼養率	-0.123	**0.545**	-0.116	**-0.681**
固有値	4.743	2.584	1.948	1.361
寄与率（%）	36.488	19.879	14.983	10.469
累積寄与率（%）	36.488	56.367	71.349	81.818

農畜産物生産力では，14変数によって形成されており全分散の83.1%が3つの主成分により説明された．第1主成分の重要変数は，表3-5に示すように山羊・綿羊・牛に関連する変数であったため，この主成分は「畜産物生産力（山羊・綿羊・牛）」を意味していると考える．第2主成分では，油類生産量やとうもろこし生産量など耕種作物に関する6つの変数が重要変数として寄与していたため，第2主成分は「耕種作物生産力」を示すと考える．第3主成分は，農家一戸当たり豚肉生産量，農家一戸当り豚出荷頭数，農家一戸当たり生乳生産量の3変数が重要変数であった．この主成分は，草原を利用した放牧ではなく，穀物や濃厚飼料に依存し畜舎で家畜を飼養する「施設型畜産物生産力（豚・生乳）」を示すと考える．

3-2. 2007年の結果

2007年の主成分分析の結果は，表3-6～表3-9に示すとおりである．2007年の土地投入に関しては，4つの主成分が析出され，12変数の全分散の73.6%が説明された．第1主成分は，畑面積率および年間降水量の負荷量は正の値を示し，灌漑面積率および平均気温は負の負荷量を示していた．これらの変数の意味すると

表 3-5　農畜産物生産力に関する主成分分析の結果（2000 年）

	畜産物生産力 (山羊・綿羊・牛)	耕種作物 生産力	施設型畜産物 生産力 (豚・生乳)
農家一戸当たり山羊出荷頭数	**0.963**	-0.166	-0.121
農家一戸当たり山羊肉生産量	**0.960**	-0.169	-0.129
農家一戸当たり綿羊毛生産量	**0.943**	-0.168	0.066
農家一戸当たり牛出荷頭数	**0.827**	-0.273	0.430
農家一戸当たり牛肉生産量	**0.817**	-0.257	0.464
作付面積当たり油類生産量	0.044	**0.867**	0.155
作付面積当たりとうもろこし生産量	-0.322	**0.855**	-0.160
作付面積当たりイモ生産量	-0.176	**0.832**	0.204
作付面積当たり甜菜生産量	-0.223	**0.793**	-0.144
作付面積当たり小麦生産量	-0.104	**0.793**	0.070
作付面積当たり豆類生産量	-0.214	**0.689**	-0.074
農家一戸当たり豚出荷頭数	-0.053	0.076	**0.965**
農家一戸当たり豚肉生産量	-0.046	0.068	**0.952**
農家一戸当たり生乳生産量	0.311	-0.032	**0.810**
固有値	4.433	4.144	3.052
寄与率（%）	31.666	29.597	21.801
累積寄与率（%）	31.666	61.263	83.064

表 3-6　土地投入に関する主成分分析の結果（2007 年）

	高畑面積率・低灌漑面積率	水田面積率・豆類・とうもろこし作付率	小麦・油類作付率	高耕地率・甜菜作付け率
畑面積率	**0.945**	0.006	0.066	-0.012
年間降水量	**0.681**	0.327	-0.214	0.336
灌漑面積率	**-0.944**	-0.036	-0.064	0.010
平均気温	**-0.510**	0.229	-0.370	0.464
水田面積率	0.083	**0.764**	-0.062	0.051
豆類作付率	0.411	**0.697**	-0.192	-0.028
とうもろこし作付率	-0.409	**0.573**	-0.262	0.492
イモ類作付率	0.458	**-0.634**	-0.323	0.132
小麦作付率	0.065	-0.095	**0.860**	-0.172
油類作付率	-0.025	-0.020	**0.822**	0.098
甜菜作付率	-0.018	-0.239	0.171	**0.769**
耕地率	0.285	0.277	-0.226	**0.672**
固有値	3.148	2.104	1.900	1.673
寄与率（%）	26.236	17.536	15.836	13.945
累積寄与率（%）	26.236	43.772	59.608	73.553

ころは,「高畑面積率・低灌漑面積率」であると考える．第2主成分は，水田面積率，豆類作付率，とうもろこし作付率およびイモ類作付率の4変数が重要変数であった．そのなかで，イモ類作付率のみ負の負荷量であったことから，この主成分は「水田面積率・豆類・とうもろこし作付率」を意味すると考える．第3主成分の重要変数は，小麦作付率および油類作付率の2変数であった．これらはともに正の負荷量を示していたため,「小麦・油類作付率」を意味している．第4主成分は，甜菜作付率および耕地率の2変数が重要変数であったため,「高耕地率・甜菜作付率」を意味するといえる．

労働投入に関しては, 2つの主成分が析出され, 5変数の全分散の76.6%が説明された．第1主成分の重要変数は，耕種農業労働者率および建築業者労働者率が正の負荷量を示し，牧畜農業労働者率が負の負荷量を示していたため,「高耕種・低牧畜農業・建築業労働力投入」を意味する．第2主成分は，小売業労働者率および工業労働者率の2変数が重要変数であったため,「小売業・工業労働力投入」を意味している．

資本投入では, 5つの主成分が析出された．これら析出された5つの主成分で, 13変数の全分散の88.5%が説明された．第1主成分の重要変数は，農家一戸当たり農牧畜業用機械動力, 農家一戸当たり重油使用量, 農家一戸当たり牛飼養頭数, 農家一戸当たり電気使用量，農家一戸当たり豚飼養頭数の5変数であり，すべて正の負荷量を示していた．これら 5 変数はすべて正の負荷量を示していたため,「農業機械装備率」を意味すると考える．第2主成分は，山羊飼養率および農家一戸当たり山羊飼養頭数の負荷量が正の値を示し，牛飼養率の負荷量は負の値を示していたため,「山羊飼養率」を示すと考える．第3主成分の重要変数は，綿羊

表3-7　労働投入に関する主成分分析の結果（2007年）

	高耕種・低牧畜農業・建設業労働力投入	小売業・工業労働力投入
耕種農業労働者率	**0.909**	-0.064
建築業労働者率	**0.551**	0.306
牧畜農業労働者率	**-0.969**	-0.103
小売業労働者率	-0.069	**0.894**
工業労働者率	0.285	**0.875**
固有値	2.156	1.672
寄与率（%）	43.111	33.440
累積寄与率（%）	43.111	76.551

表3-8　資本投入に関する主成分分析の結果（2007年）

	農業機械装備率	山羊飼養率	綿羊飼養率	豚飼養率	農薬・ビニール使用量
農家一戸当たり農牧畜業用機械動力	**0.989**	-0.002	0.044	-0.046	-0.009
農家一戸当たり重油使用量	**0.978**	-0.071	-0.006	-0.006	-0.010
農家一戸当たり牛飼養頭数	**0.974**	-0.121	0.067	-0.112	0.020
農家一戸当たり電気使用量	**0.968**	0.048	-0.060	0.009	-0.027
農家一戸当たり豚飼養頭数	**0.699**	-0.076	-0.065	**0.589**	0.079
山羊飼養率	-0.070	**0.890**	-0.397	-0.114	-0.002
農家一戸当たり山羊飼養頭数	0.130	**0.797**	0.073	-0.375	0.171
牛飼養率	0.229	**-0.845**	-0.342	-0.114	0.126
綿羊飼養率	-0.144	-0.049	**0.937**	-0.075	-0.167
農家一戸当たり綿羊飼養頭数	0.473	0.151	**0.659**	-0.303	0.233
豚飼養率	-0.095	-0.167	-0.141	**0.929**	0.064
作付面積当たり農薬使用量	0.027	0.209	0.065	0.069	**0.823**
利用面積当たりビニール使用量	-0.040	-0.174	-0.133	-0.004	**0.782**
固有値	4.640	2.297	1.647	1.493	1.428
寄与率（%）	35.689	17.672	12.671	11.486	10.984
累積寄与率（%）	35.689	53.360	66.031	77.517	88.501

飼養率および農家一戸当たり綿羊飼養頭数の2変数であったため,「綿羊飼養率」を意味している．第4主成分は，農家一戸当たり豚飼養頭数および豚飼養率がともに正の負荷量を示していたため,「豚飼養率」を意味している．第5主成分の重要変数は，耕地面積当たり農薬使用量および利用面積当たりビニール使用量の2変数であり，ともに正の負荷量を示していたため,「農薬・ビニール使用量」を示している．

農畜産物生産力は，3つの主成分が析出された．これらの3つの主成分により全分散の78.9%が説明されている．第1主成分では，農家一戸当り豚肉生産量,農家一戸当たり豚出荷頭数,農家一戸当り生乳生産量,農家一戸当り牛肉生産量,農家一戸当たり牛出荷頭数が重要変数として寄与していたため,「施設型畜産生産力（豚・生乳・牛）」を示す．第2主成分は，表3-9に示すように耕種作物に関連する6変数が寄与していたため,「耕種作物生産力」を意味している．第3主成分の重要変数は，農家一戸当たり山羊出荷頭数，農家一戸当たり山羊肉生産量，農家一戸当たり綿羊毛生産量および作付面積当たりイモ生産量であった．この主成分は山羊および綿羊の生産に関する変数で構成されているため,「山羊・綿羊生産

表 3-9　農畜産物生産力に関する主成分分析の結果（2007 年）

	施設型畜産物生産力（豚・生乳・牛）	耕種作物生産力	山羊・綿羊生産力
農家一戸当たり豚肉生産量	**0.955**	0.143	0.009
農家一戸当たり豚出荷頭数	**0.898**	0.207	-0.064
農家一戸当たり生乳生産量	**0.873**	-0.096	0.347
農家一戸当たり牛肉生産量	**0.831**	-0.170	0.462
農家一戸当たり牛出荷頭数	**0.824**	-0.178	0.471
作付面積当たり小麦生産量	-0.008	**0.874**	0.048
作付面積当たり油類生産量	0.042	**0.868**	0.002
作付面積当たりとうもろこし生産量	-0.007	**0.837**	-0.345
作付面積当たり豆類生産量	-0.007	**0.700**	-0.148
作付面積当たり甜菜生産量	-0.024	**0.569**	-0.267
農家一戸当たり山羊出荷頭数	0.210	-0.187	**0.930**
農家一戸当たり山羊肉生産量	0.172	-0.199	**0.918**
農家一戸当たり綿羊毛生産量	0.449	-0.233	**0.759**
作付面積当たりイモ生産量	0.012	0.526	**0.533**
固有値	4.130	3.570	3.344
寄与率（%）	29.498	25.503	23.884
累積寄与率（%）	29.498	55.001	78.884

力」と考える．

以上，2000 年から 2007 年にかけて変化がみられた点に関して，土地投入は，2000 年は「高水田率・低イモ作付率」と「とうもろこし作付率」はそれぞれ独立した形で農業生産構造を形成していた．しかし，2007 年にはこれらの変数が強く結び付き，同一の主成分として農業生産構造を構成していた．こうした農業構造の変化は，後述するように農業産業化の推進により穀物生産と家畜生産とが密接に結びつく生産構造となったことが主な要因であると考える．

労働投入に関しては，2000 年には農業および非農業とに二極化された構造となっていたが，2007 年には建築業の労働者率は耕種農業労働者率と結びつきが強くなっていた．こうした構造変化は，近年，都市部やその周辺地域において大型マンションの建設を中心とした都市開発が急速に進んでおり，「生態移民」政策実施などにより他地域から労働者が移入してきたことが影響したものと考える．

資本投入に関しては，2000 年の時点では山羊，綿羊に加え，牛に関する変数が同じ主成分に寄与していた．しかし，2007 年にはそれらの家畜飼養は独立した主成分を形成していた．さらに，豚飼養に関する主成分が独立した形で新たに析出された．この結果は，地域ごとに優位性を有する家畜に特化した形で家畜生産が行われるようになったことを示唆する結果である．

農畜産物生産力に関しては，2000年には山羊・綿羊・牛の家畜が複合的に飼養されている主成分として析出されていたが，2007年には肉牛生産，生乳生産および豚生産に関する生産力と山羊・綿羊に関する生産力へと，独立した形で生産構造を形成していた．こうした変化は，穀物や濃厚飼料を多給する施設型の飼養形態と草地資源に依存する放牧飼養の形態とがそれぞれ独立した飼養形態となったことを示している．張・糸原（2003）が述べているように，2000年前後までは，綿羊および山羊は固定住居から離れた牧草地に群れで放牧され，牛は固定住居近くで放牧され，混合的に飼養されていた．しかし，「退耕還林・還草」政策や「生態移民」政策の実施後，環境への負担の高い綿羊や山羊の飼養が制限され，肉用牛や乳牛の飼養が推奨されたことにより，生産構造に変化が生じた．乳牛に関しては，中国政府は国民の健康増進の観点から1997年に国務院が「全国栄養改善計画」を発表し，乳牛飼養と乳業は重点的発展産業として位置づけるとともに，2000年に学生飲用乳制度が導入されるなど，牛乳・乳製品の消費拡大が図られてきた．また，長命・呉（2010）が指摘しているように，酪農家が乳業メーカーの建設した村に移入し，契約を交わし酪農生産を行う新たな生産形態が登場するなど，内モンゴルの酪農生産は近年急速に変化している．その一方で，山羊・綿羊飼養に関しては，禁牧や休牧などにより飼養制限が行われているにもかかわらず，飼養頭数はそれぞれ増加している．そうした増加の要因の一つとして，吉・小野（2009）は罰金を支払ってまで過放牧を続ける農家が存在していることを指摘している．

4．パス解析の結果と考察

前節では，主成分分析の結果より，農業生産の構造変化がみられることを確認した．表3-1に示すように2000年から2007年にかけて，農牧民所得の平均所得は，2,210.4元から4,507.9元へと，標準偏差は825.0から1,462.0へとそれぞれ拡大していたため，農牧民間の所得格差が拡大するとともに，農牧民所得を規定している要因にも変化している可能性が考えられる．

4-1．2000年の結果

図3-3は，2000年におけるパス解析の結果より描かれたパスダイアグラムであ

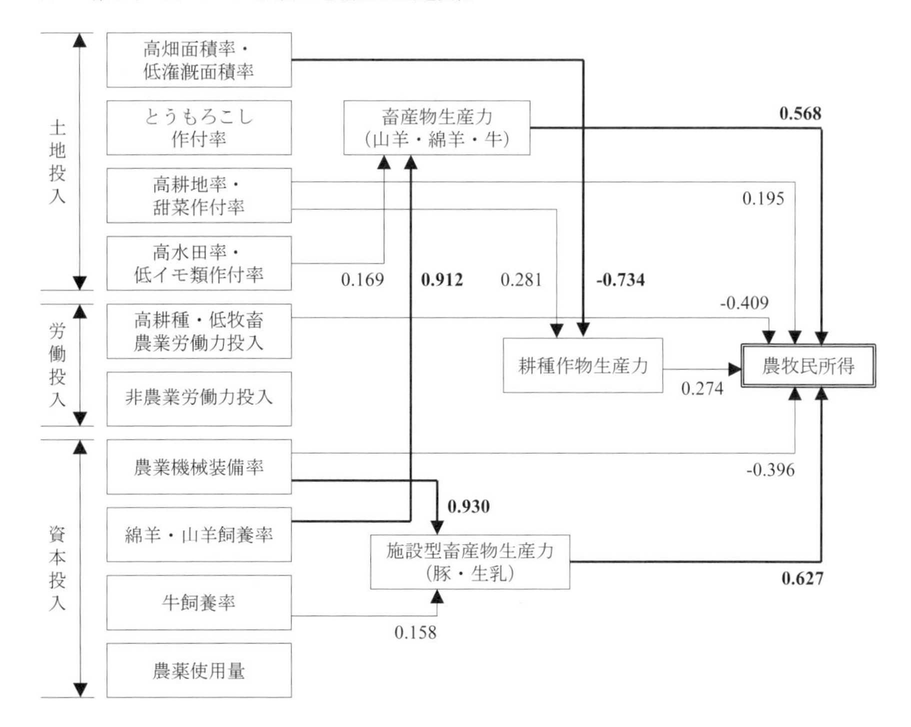

図 3-3　2000年におけるパスダイアグラム
注 1）農牧民所得に対する決定係数（R^2）は，0.758であった．R^2の変化は，畜産物生産力（山羊・綿羊・牛）から0.525，施設型畜産物生産力（豚・生乳）から0.066，耕種作物生産力から0.065，高耕種・低牧畜農業労働力投入から0.053，高耕地・甜菜作付率から0.030，農業機械装備率から0.018であった．
注 2）図中の太線の矢印は，パス係数が-0.5以下および0.5以上の強さで直接的な影響があることを示している．

る．2000年の農牧民所得に直接影響を及ぼす主成分として，5%水準で有意であったのは，「畜産物生産力（山羊・綿羊・牛）」，「耕種作物生産力」および「施設型畜産物生産力（豚・生乳）」の3つの媒介変数に加え，説明変数である「高耕地率・甜菜作付率」，「高耕種・低牧畜農業労働力投入」および「農業機械装備率」の計6つであった．

媒介変数が農牧民所得に及ぼす影響は，すべての変数で正の影響を示していた．「施設型畜産物生産力（豚・生乳）」のパス係数が0.627と最も高く，次いで「畜産物生産力（山羊・綿羊・牛）」が0.568で高かった．この結果は，例えば，A旗とB旗とで，「施設型畜産物生産力（豚・生乳）」の生産力に10%の違いがあるとすると, A旗とB旗との「農牧民所得」の違いは6.27%であることを示している. 説明変数では, 「高耕地率・甜菜作付率」は0.195と正の影響を示していたが, 「高耕種・低牧畜農業労働力投入」および「農業機械装備率」は負の影響を示し, パス係数は, それぞれ-0.409, -0.396であった. これらの結果より, 耕地率の高い地域, 甜菜の作付率の高い地域では, 農牧民所得が高くなる傾向にある一方で, 耕種農業の労働者比率および農業機械装備率の高い地域では, 農牧民所得が相対的に低くなる傾向にあることが示唆された.

このモデルによって, 農牧民所得の全分散の約76% (R^2=0.758) が説明されているが, このうち, 「畜産物生産力 (山羊・綿羊・牛)」によって説明されている部分は53% (R^2の変化量＝0.525) と最も高かった. その他の変数に関しては, 図3-3に示すとおり, 説明される部分は10%以下であった. これらの結果は2000年の農牧民所得を説明する場合, 直接的影響がみられた6変数のうち, 「畜産物生産力 (山羊・綿羊・牛)」が特に重要な変数であることを示している.

媒介変数への直接的な影響をみると, 「畜産物生産力 (山羊・綿羊・牛)」に対しては, 「綿羊・山羊飼養率」および「高水田率・低イモ類作付率」の2変数で有意性がみられ, パス係数は, 0.912, 0.169であった. 次いで「耕種作物生産力」に直接的影響を及ぼしていた変数は「高畑面積率・低灌漑面積率」および「高耕地率・甜菜作付率」の2変数であり, パス係数は, -0.734, 0.281であった. また, 「施設型畜産物生産力 (豚・生乳)」に関しては, 「農業機械装備率」および「牛飼養率」の2つの変数が直接的影響を及ぼしており, パス係数は0.930および0.158であった. これらの結果より, 耕地率や甜菜の作付率を増加させることは耕種作物の生産力の増加に結びつくこと, 農業機械や牛飼養に関する資本投入が多いほど, 施設型の畜産物の生産力が高くなる傾向にあることが明らかとなった.

4-2. 2007年の結果

2007年のパス解析の結果を基に描かれたパスダイアグラムは図3-4に示すとおりである. 農牧民所得に影響を及ぼしていたのは, 媒介変数である「施設型畜産物生産力 (豚・生乳・牛)」および「山羊・綿羊生産力」, 説明変数である「高畑面積率・低灌漑面積率」, 「農業機械装備率」および「小売業・工業労働力投入」の5変数であった.

農牧民所得に対する媒介変数の影響は, 「施設型畜産物生産力 (豚・生乳・牛)」および「山羊・綿羊生産力」でみられ, それらのパス係数は, 0.869, 0.684と相

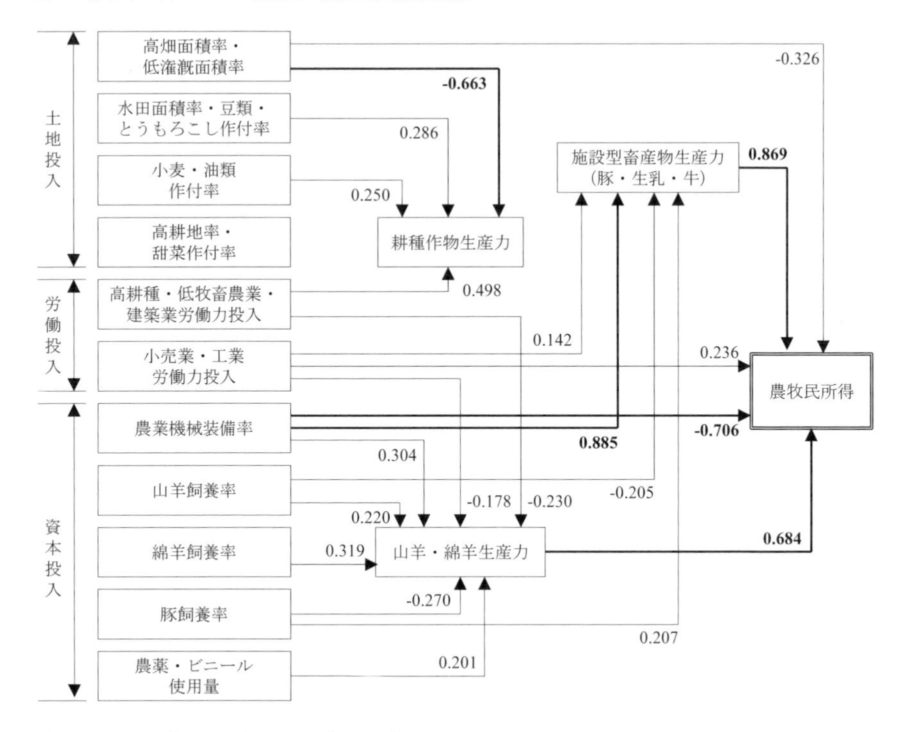

図 3-4　2007年におけるパスダイアグラム

注 1）農牧民所得に対する決定係数（R^2）は，0.477であった．R^2の変化は，高畑面積率・低灌漑面積率から 0.175，山羊・綿羊生産力から 0.125，小売業・工業労働力投入から 0.084，施設型畜産物生産力（豚・生乳・牛）から 0.054，農業機械装備率から 0.038であった．

注 2）図中の太線の矢印は，パス係数が-0.5以下および 0.5以上の強さで直接的な影響があることを示している．

対的に高い値を示しており，「施設型畜産物生産力（豚・生乳・牛）」が最も高い値を示していた．また，2000年では直接的な影響がみられた「耕種作物生産力」は，有意性が認められなかった．説明変数からの影響がみられたのは，「高畑面積率・低灌漑面積率」，「農業機械装備率」および「小売業・工業労働力投入」の 3 変数であり，それらのパス係数は，-0.326，-0.706および0.236であった．

このモデルによって，農牧民所得の全分散の約48%（R^2＝0.477）が説明された．このうち，「高畑面積率・低灌漑面積率」によって説明されている部分は18%（R^2の変化量＝0.175）であり，最も高い値であった．次いで変化量が高かったのは「山羊・綿羊生産力」であり，説明されている部分は13%であった．その他の変数では，図3-4に示すように決定係数の変化量は10%以下であり，相対的に低い値となっていた．この決定係数の変化量に関する結果より，直接的影響がみられた5変数のうち,「高畑面積率・低灌漑面積率」および「山羊・綿羊生産力」の2変数によって農牧民所得の30%が説明されることが示された.

媒介変数に影響を及ぼしていた説明変数をみると,「施設型畜産物生産力（豚・生乳・牛)」に影響を及ぼしていたのは「小売業・工業労働力投入」,「農業機械装備率」,「山羊飼養率」および「養豚飼養率」の4変数であった．このなかで,「山羊飼養率」のみが負の値を示しており，その他の変数は正の値であった．最も影響の程度が強かったのは,「農業機械装備率」であり, パス係数は0.885であった．これらの結果より，相対的に農業機械に関する資本投入が高く，小売業および工業の労働者比率が高く，豚の飼養率が高い地域ほど，豚，生乳および牛などの施設型畜産物の生産力が高くなる傾向にあることが示された．内モンゴルでは，山羊および綿羊などの遊牧家畜は都市部から離れた草原地帯で飼養されており，乳牛や肉用牛および豚などは，流通形態が整備され，流通アクセスが比較的良い都市部に近いところで舎飼されている．ゆえに，都市近郊地域では，資本集約的な舎飼による家畜飼養が行われており，そうした地域において家畜の生産力が高いことが示唆された.

次に,「耕種作物生産力」に直接的な影響を及ぼしていた変数は「高畑面積率・低灌漑する面積率」,「水田・豆類・とうもろこし作付率」,「小麦・油類作付率」および「高耕種・低牧畜農業・建築業労働力投入」の4変数であった.「高畑面積率・低灌漑面積率」に関しては，パス係数は-0.663であり，2000年と同様に最も強い負の影響を示していた．その他の変数に関しては，パス係数は正の値を示していたことから，これら水田率，豆類作付率，とうもろこし作付率，耕種農業および建築業の労働者比率が高い地域において，耕種作物の生産力が高くなる傾向にあることが示された.

最後,「山羊・綿羊生産力」に関しては，図3-4に示す7つの変数が直接的な影響を及ぼしていた．この変数に対しては，パス係数が0.5以上の変数はなく，多数の説明変数が影響を及ぼし合い，重層的な生産構造へと変化していることが示唆された．正の影響を示していた変数は,「農業機械装備率」,「山羊飼養率」,「綿羊飼養率」および「農薬・ビニール使用量」の4変数であり，パス係数はそれぞれ，0.304，0.220，0.319，0.201であった．一方,「高耕種・低牧畜農業・建築業労働力投入」,「小売業・工業労働力投入」および「豚飼養率」の3変数は負の影響を示しており，パス係数は，-0.230，-0.178，-0.270であった．

以上，パス解析を行った結果，2000年から2007年にかけて農牧民所得を規定していた要因として以下のような変化が生じていたといえる．

農牧民所得に対する規定要因に関しては，施設型畜産物生産力のパス係数の値が大きくなっていたことからその重要性が高まっていることが示唆された．主な要因として家畜の品種改良と農業産業化の推進および政府の支援が挙げられる．肉用牛に関しては，1990年代後半より，内モンゴルの大都市部では牛肉に部位別価格制度が導入され，肉質の改善を目的として優良種牛導入の重要性が高まり，オーストラリアやニュージーランドから優良な外来種が導入され品種改良が行なわれるようになった（李・三国 1999）．また，2002年に中国政府は「優勢農産物区域配置計画」を策定し，肉用牛については，通遼市など7県が東北肉牛優勢区に指定された．内モンゴル政府は国の施策に沿って，「内モンゴル自治区優勢農畜産物品区域配置計画（2003～2007年，2008～2015年）」を策定した．食糧生産地の通遼市，赤峰市，錫林郭勒盟の25県に肉牛生産基地を建設し，生産の拡大を図った（殷・中川 2010）．他方，乳牛に関しては，自然および立地条件などの有利性に加え，政府が地場の主要産業である酪農・乳業を重視し，政策としてその発展を推進してきたこと，1997年以降，政府が家畜の改良を積極的に推進し，優良精液を導入してきたことなどが影響したといえる（長谷川・谷口 2010）[注4]．このように中央政府の政策誘導と支援，優良な海外からの品種が導入されたことにより，家畜の生産性が向上した．また，消費者の高品質な肉および乳製品に対する需要の高まりとともに，農家もより経済性の高い家畜の飼養を求め，農家の牛飼養意欲が高まったことが農牧民所得に影響したと考える．

説明変数では，2000年には「高畑面積率・低灌漑面積率」は農牧民所得に直接的な影響を及ぼしていなかったが，2007年には-0.326と負の影響を及ぼしていた．このことは，灌漑面積率の高い地域ほど農牧民所得が高いことを意味している．「退耕還林・還草」政策の実施により，農業的に利用できる耕地面積は減少している．限られた耕地面積を利用するために，農牧民は，飼料用とうもろこしの栽培を拡大するほかに，豆類の栽培を増やし，その残渣を家畜の飼料として利用するなど，創意工夫をしている（韓ら 2008）．段・伊藤（2001）は，2000年以降，灌漑耕地を確保する一方で，灌漑できない耕地は全て退耕させ，退耕検査に合格した農家には食糧と経済的補償を与える奨励政策を行った結果，メリットを感じた農家が積極的に政策に参加したことを明らかにしている．このように灌漑面積率の低い地域では，耕作を行わず，その土地に種を撒き草地に戻すことで補助金を得ていたことが，農牧民所得に対する負の影響として現れたものと考える．

2000年から2007年にかけてモデルの決定係数が0.758から0.477へと大幅に減少していた．このことは2007年では農牧民所得を規定している要因が農業生産構造以外の要因による比重が高くなっていることを示唆する結果である．鬼木ら（2007）は，「退耕還林・還草」政策実施後，副業の機会が増えたことや政策の補助金により農家所得が増加したことを明らかにしている．その一方で，「退耕還林・還草」政策や「生態移民」政策は，牧民の所得を減少させる可能性が高く，必ずしも持続的な草地保全政策とはいえないことを指摘している（鬼木・根 2005）．本章の結果は，今後，農業生産構造や農牧民所得に関する分析を行う場合，農業生産以外の要因を考慮し分析を行うことの重要性を示唆するものである．その他，モデルの当てはまりが低下した要因として，2000年では媒介変数として用いた3変数すべてが農牧民所得に直接的な影響を及ぼしていたが，2007年では「耕種作物生産力」からの有意性がみられなくなっていた．このことは，先に述べたように，とうもろこしや豆類などたんぱく質の高い作物が商品作物としてではなく，家畜の飼料用作物として栽培され，家畜に給与されたことが要因であると考える．さらに，それぞれの媒介変数に対して影響を及ぼしている説明変数の数が2000年に比べ2007年で増加していた．このことは，2000年に比べ2007年では農牧民所得を規定している農業構造自体が複雑化・重層化していることを示唆する結果であるといえる．

5. おわりに

以上，本章では主成分分析を用いて2000年および2007年の内モンゴルにおける農業生産構造の変化を明らかにするとともに，農牧民所得の規定要因の解明をパス解析により明らかにした．分析の結果，以下の3点が明らかとなった．

第一に，2000年から2007年にかけて，家畜の飼養形態に変化がみられた．2000年の時点では，山羊・綿羊と牛とが複合的に飼養され，生産構造を形成していたが，2007年には，山羊・綿羊・豚がそれぞれ独立した形として生産構造を形成していた．このことは，これまで伝統的に行われてきた放牧飼養とは別に，濃厚飼料を多給する施設型の飼養形態への転換が図られたことを示唆する結果であった．

第二に，耕種作物の生産構造に変化がみられた．媒介変数として用いた「耕種作物生産力」は2000年には農牧民所得への影響として，統計的に有意であったが，2007年には統計的な有意性はみられなくなった．しかし，耕種作物の生産力を規定している説明変数の数は増加していたことから，耕種作物の生産構造は複雑化していることが示唆された．さらにそうした規定要因として影響を及ぼしていたのは，とうもろこしの作付や小麦・油類など経済性の高い作物であったことが明らかとなった．特に，とうもろこしは，2000年以降，急激にその生産力が拡大していたことから市場の動向とともに今後，内モンゴルの耕種作物の生産構造に大きな影響を及ぼす可能性が示唆された．

第三に，2000年から2007年にかけて農牧民所得を規定しているモデルの決定係数が大幅に減少しており，また媒介変数を規定している説明変数の数が増加していた．この結果は，農牧民所得の規定要因として，農業生産以外の影響の比重が大きくなっていることを示唆するものであると考える．ゆえに，先に示した「生態移民」政策や「退耕還林・還草」政策に関する補助金や出稼ぎによる副業収入など，農業生産以外の要因を含めた農業生産構造の解明を行っていくことが重要である．

注 1）農業の生産性に関するサーベイ論文として，例えば加古（1996）が挙げられる．

注 2）内蒙古の行政レベルは，1級：自治区，2級：盟および市，3級：旗，県，市および区，4級：鎮，蘇木（ソム）および郷，5級：嘎査（ガチャー）および村の5つに分類されている．2級レベルの行政区は日本の都道府県，3級レベルは郡に近い存在である．旗は蒙古族が多く牧畜が盛んな地域，県は漢民族が多く農業が盛んな地域であり，市および区は商工業が集中する地域であるが，農業を中心とする都市近郊地域も含まれている．

注 3）行政区分では101の地域が存在するが，地帯区分では，相対的に農業が盛んでない地域および都市地域が除かれており，その地域数は73となっている．国境地帯は，隣国に隣接している地域，牧畜地帯は牧畜を主体としている地域，半牧畜地帯は半農半牧を主体としている地域，山老区地帯は相対的に貧困な地域の旗で形成されている．次章では，主として牧畜業を生業とし，牧畜地帯に属している33の地域を牧区とし，牧畜業と農耕をともに生業としている牧畜地帯以外の40地域を半農半牧区とし，2つの地域の分析を行っている．

注4) 長谷川・谷口（2010）では，酪農・乳業推進政策（2000年）および酪農・乳業の産業化推進政策（2003年）の骨子をまとめている．

引用文献

長命洋佑・呉　金虎（2010）:「中国内モンゴル自治区における私企業リンケージ（PEL）型酪農の現状と課題―フフホト市の乳業メーカーと酪農家を事例として―」,『農林業問題研究』，46（1），pp.141-147.

杜　春玲・松下秀介（2010）:「中国内モンゴル自治区における農牧畜業地帯の特徴―経済地帯区分の視点から―」，『農業経営研究』，48（1），pp.101-107.

段　力宇・伊藤忠雄（2001）:「退耕政策による農業経営の変化と課題に関する考察」，『農業経営研究』，41（2），pp.138-146.

国家統計局モンゴル調査総隊編（2002）:『内モンゴル自治区農村牧区社会経済統計年鑑2001』，中国統計出版.

国家統計局モンゴル調査総隊編（2009）:『内モンゴル自治区農村牧区社会経済統計年鑑2008』，中国統計出版社.

内モンゴル統計局編（2002）:『内モンゴル統計年鑑2001』，中国統計出版社.

内モンゴル統計局編（2009）:『内モンゴル統計年鑑2008』，中国統計出版社.

内モンゴル自治区地図制印編（2009）:『内モンゴル自治区地図冊』，中国地図出版社.

伊藤操子・敖　敏・伊藤幹二（2006）:「内モンゴル草原の現状と課題」,『雑草研究』，51（4），pp.256-262.

吉雅図・小野雅之（2009）:「中国・内モンゴルにおける草原保護政策下での牧羊経営の変化―シリンゴル草原地域を事例として―」，『農林業問題研究』，45（2），pp.212-217.

長谷川敦・谷口　清（2010）:「内モンゴル自治区の酪農・乳業急発展の背景と課題」，独立行政法人農畜産業振興機構編『中国の酪農と牛乳・生乳製品市場』，農林統計出版，pp.35-38.

加古敏之（1996）:「農業の生産性」，中安定子・荏開津典生編『農業経済研究の動向と展望』，富民協会，pp.92-105.

韓　柱・安部　淳・趙　紅（2008）:「農牧交錯地帯における地域資源の循環利用システム―中国内モンゴルの事例を中心に―」,『2008年度日本農業経済学会論文集』, pp. 408-415.

河村能夫（2001）:「中国自動車産業における部品メーカーの経営実態」，河村能夫編『中国経済改革と自動車産業』，昭和堂，pp.215-256.

河村能夫（2004）:「インドネシア南スラウェシ州における生活水準形成要因モデル―統計2次資料ポテンシ・デサに基づくパス解析―」,『龍谷大学経済学論集』，44（2），pp.21-53.

李　文秀・三国英實（1999）:「中国における牛肉生産と流通構造の現状―内モンゴル地域の事例を中心に―」，『生物生産学研究』，38（1），pp.25-37.

鬼木俊次・根　鎖（2005）:「生態移民における移住の任意性―内モンゴル自治区オルドス市における牧畜民の事例から―」，小長谷有紀・シンジルト・中尾正義編『中国の環境政策―生態移民―緑の大地，内モンゴルの砂漠化を防げるか？』，昭和堂，pp.198-217.

鬼木俊次・根　鎖（2006）:「中国内モンゴルの牧畜の効率性と草地保全活動」，『2006年度日本農業経済学会論文集』，pp.254-258.

鬼木俊次・加賀爪優・余　勁・根　鎖（2007）:「中国の退耕還林政策が農家経済へ及ぼす影響―陝西省・内モンゴル自治区の事例―」，『農業経済研究』，78（4），pp.174-180.

鬼木俊次・双　喜（2004）:「中国内モンゴルおよびモンゴル国における地域的過放牧―牧畜民の家計調査の結果から」，『農業経済研究』，75（4），pp.198-205.

澤田裕之（2004）:「中国内モンゴル北東部ホルチン（科爾沁）沙地における農牧業の変化」，

『地球環境研究』，6，pp.61-70.
呉　金虎（2004）:「中国内モンゴル自治区における農業生産力に関する要因分析―2000 年の旗レベルにおける横断分析―」，『龍谷大学経済学論集』，44（2），pp.1-19.
殷　佩瑜・中川光弘（2010）:「中国内モンゴル自治区における牛肉生産拡大の背景」，『2010年度日本農業経済学会論文集』，pp.494-500.
張　文勝・藤原貞雄・糸原義人（2005）:「内モンゴル牧戸の収益性構造と経営的特質―東部ホロンベール市と興安盟の事例―」，『農業経営研究』，43（3），pp.1-10.
張　文勝・糸原義人（2003）:「内モンゴル牧畜業における畜種構造変化の要因分析―科爾沁（ホルチン）右翼前旗ウランモド牧区を事例として―」，『農林業問題研究』，39（3），pp.42-51.

第4章　牧区および半農半牧区の農業生産構造変化

1. はじめに

近年，中国内モンゴルでは急速な経済発展に伴い，畜産物の消費が拡大するなど食生活は大きく変化し，農業生産構造も大きく変化した．しかし，そうした成長は，家畜の過放牧による生態環境の悪化を引き起こすこととなった．草原の退化，砂漠化，干ばつ，砂嵐，黄砂などの問題は，周辺地域にも多大な危害を与え，大きな社会問題となっている．現在，内モンゴルでは，経済成長とともに生態環境を保護しながら，農業生産を持続的に発展させていくのかが喫緊の課題となっている．

こうした問題に対し，内モンゴルでは2000年以降，禁牧や休牧を中心とした過放牧を抑制するための政策的措がとられてきた（草野・朝克図 2007）．だが，そうした政策は，牧民の所得を減少させる可能性が高く，必ずしも持続的な草地保全の政策とはいえないこと（鬼木・根 2005）や所得獲得のために，罰金を支払ってまで過放牧を続ける農家が存在していることが指摘されている（吉・小野 2009）など，政策が必ずしも有効に機能しているとは言い難い．

内モンゴルでは，2000 年前後より旗レベルの統計資料が整備されてきたため，統計資料を用いて，先で述べたような政策実施以降の諸問題にアプローチする研究が行われるようになってきた．呉（2004）は，101 の地域を対象に主成分分析を行い，農産物生産力および畜産物生産力に与える要因をパス解析により明らかにしている．張ら（2005）は，牧区の 33 地域を対象に主成分分析を行い，経営的特質を明らかにしている．杜・松下（2010）は，主成分分析を用いて，101 の地域を 17 の都市地帯，84 の農牧畜業地帯に区分し，それらの地帯における経済活動の特徴を類型化している．しかし，こうした研究は単年度における横断分析が主であり，複数の時点を取り上げた研究は少ない．

そこで本章では，統計資料が整備され始めた2000年および2007年の2時点を取り上げ，農業生産構造の変化および農牧民所得の規定要因を明らかにすることを課題とする．具体的には，「退耕還林・還草」政策や「生態移民」政策が実施されて以降，伝統的・粗放的な生産方式から収益性と投下資本の有効活用を重視する近代的，集約的な生産方式への転換がはかられたか否か，転換がはかられた場合，いかなる作物および家畜に転換したか，またそうした転換は，農牧民所得にいかなる影響を及ぼしたのかを検証する．

2. 分析に用いたデータおよび方法

本章では，先に述べた研究課題への接近として，2000年および2007年の2時点を取り上げ，農業生産構造の変化の把握および農牧民所得の規定要因の解明を行う．表4-1は，分析に用いた土地投入，労働投入，資本投入，農畜産物生産力および農牧民所得に関する45の合成変数の基本統計量を示したものである．ここで，土地投入，労働投入，資本投入に関する変数は説明変数として，農畜産物生産力に関する変数は媒介変数として用い，農牧民所得に対する影響を明らかにする．本章では，広範囲にわたるデータを用い分析するため，パス解析を行う前に主成分分析を行い，少数の合成変数を析出するとともに主成分得点を算出し，その得点を用いてパス解析を行った．

本章で用いたデータは第3章と同様に，「内蒙古統計年鑑」および「内蒙古自治区農村牧区社会経済統計年鑑」，「内蒙古経済社会調査年鑑」，「内蒙古自治区地図冊」で公表されている当該自治区内の3級行政レベルの地域データである．これらの統計資料では，内モンゴルの地帯区分として，国境地帯，牧畜地帯，半牧畜地帯，山老区地帯の4つの区分が存在している．本章では，主として牧畜業を生業とし，牧畜地帯に属している33の地域を牧区とし，牧畜業と農耕をともに生業としている牧畜地帯以外の40地域を半農半牧区とし，2つの地域を分析対象地域とした．

分析手順は，以下の3つの段階からなる．第一段階として，統計資料を収集し，欠損値の処理を行い，データセットの作成を行った．欠損値の処理を行ったのは，農作物に関する変数である．農作物の作付面積および生産量のどちらか一方が欠損値であった場合，回帰式により欠損値の推定を行い，推定値の代入を行った．農作物の耕地面積，農作物の作付面積および農作物の生産量の値すべてが欠損値である場合，その地域ではその変数に関する作物生産は行われていないと判断し，“0”を代入した．なお，2000年および2007年の農牧民所得に関するデータにおいて欠損値となっている半農半牧区の地域が3地域あった．これらは推定が不可能であったため，分析から削除した．以上の欠損値処理を行い，本章では33の牧区および37の半農半牧区を分析対象地域として用いた．

表4-1　分析に用いた変数の基本統計量

	変数名			変数の定義
土地投入	Ver.1	耕地率	(%)	耕地面積 (a) (b) /土地面積 (a)
	Ver.2	水田面積率	(%)	水田面積 (b) /耕地面積 (a) (b)
	Ver.3	畑面積率	(%)	畑面積 (b) /耕地面積 (a) (b)
	Ver.4	灌漑面積率	(%)	灌漑面積 (b) /耕地面積 (a) (b)
	Ver.5	小麦作付率	(%)	小麦作付面積 (b) /作付面積 (b)
	Ver.6	とうもろこし作付率	(%)	とうもろこし作付面積 (b) /作付面積 (b)
	Ver.7	豆類作付率	(%)	豆類作付面積 (b) /作付面積 (b)
	Ver.8	イモ類作付率	(%)	イモ類作付面積 (b) /作付面積 (b)
	Ver.9	油類作付率	(%)	油類作付面積 (b) /作付面積 (b)
	Ver.10	甜菜作付率	(%)	甜菜作付面積 (b) /作付面積 (b)
	Ver.11	平均気温	(℃)	年平均気温 (c)
	Ver.12	年間降水量	(mm)	年間降水量 (c)
労働投入	Ver.13	耕種農業労働者率	(%)	農村耕種農業労働者数 (b) /農村労働者数 (b)
	Ver.14	牧畜農業労働者率	(%)	牧畜農業労働者数 (b) /農村労働者数 (b)
	Ver.15	工業労働者率	(%)	工業労働者数 (b) /農村労働者数 (b)
	Ver.16	建築業労働者率	(%)	建築業労働者数 (b) /農村労働者数 (b)
	Ver.17	小売業労働者率	(%)	小売業労働者数 (b) /農村労働者数 (b)
資本投入	Ver.18	農家一戸当たり農牧畜業用機械動力	(kw/戸)	農牧畜農業用機械動力 (a) /農村農家戸数 (b)
	Ver.19	農家一戸当たり電気使用量	(kw/戸)	農村電気使用量 (a) /農村農家戸数 (b)
	Ver.20	利用面積当たりビニール使用量	(kg/ha)	ビニール使用量 (b) /利用面積 (b)
	Ver.21	農家一戸当たり重油使用量	(kg/戸)	重油使用量 (b) /農村農家戸数 (b)
	Ver.22	耕地面積当たり農薬使用量	(kg/ha)	農薬使用量 (b) /耕地面積 (a) (b)
	Ver.23	農家一戸当たり牛飼養頭数	(頭/戸)	牛飼養頭数 (b) /農村農家戸数 (b)
	Ver.24	農家一戸当たり綿羊飼料頭数	(頭/戸)	綿羊飼養頭数 (b) /農村農家戸数 (b)
	Ver.25	農家一戸当たり山羊飼養頭数	(頭/戸)	山羊飼養頭数 (b) /農村農家戸数 (b)
	Ver.26	農家一戸当たり豚飼養頭数	(頭/戸)	豚飼養頭数 (b) /農村農家戸数 (b)
	Ver.27	牛飼養率 (注2)	(%)	牛飼養頭数 (b) /羊換算年末家畜頭数 (注3) (b)
	Ver.28	綿羊飼養率	(%)	綿羊飼養頭数 (b) /羊換算年末家畜頭数 (b)
	Ver.29	山羊飼養率	(%)	山羊飼養頭数 (b) /羊換算年末家畜頭数 (b)
	Ver.30	豚飼養率	(%)	豚飼養頭数 (b) /羊換算年末家畜頭数 (b)
農畜産物生産力	Ver.31	作付面積当たり小麦生産量	(kg/ha)	小麦生産量 (b) /小麦作付面積 (b)
	Ver.32	作付面積当たりとうもろこし生産量	(kg/ha)	とうもろこし生産量(b)/とうもろこし作付面積(b)
	Ver.33	作付面積当たり豆類生産量	(kg/ha)	豆類生産量 (b) /豆類作付面積 (b)
	Ver.34	作付面積当たりイモ生産量	(kg/ha)	イモ生産量 (b) /イモ作付面積 (b)
	Ver.35	作付面積当たり油類生産量	(kg/ha)	油類生産量 (b) /油類作付面積 (b)
	Ver.36	作付面積当たり甜菜生産量	(kg/ha)	甜菜生産量 (b) /甜菜作付面積 (b)
	Ver.37	農家一戸当たり牛肉生産量 (注2)	(kg/戸)	牛肉生産量 (b) /農村農家戸数 (b)
	Ver.38	農家一戸当たり山羊肉生産量	(kg/戸)	山羊肉生産量 (b) /農村農家戸数 (b)
	Ver.39	農家一戸当たり豚肉生産量	(kg/戸)	豚肉生産量 (b) /農村農家戸数 (b)
	Ver.40	農家一戸当たり生乳生産量	(kg/戸)	生乳生産量 (b) /農村農家戸数 (b)
	Ver.41	農家一戸当たり綿羊毛生産量	(kg/戸)	綿羊毛生産量 (b) /農村農家戸数 (b)
	Ver.42	農家一戸当たり牛出荷頭数 (注2)	(頭/戸)	牛出荷頭数 (b) /農村農家戸数 (b)
	Ver.43	農家一戸当たり山羊出荷頭数	(頭/戸)	山羊出荷頭数 (b) /農村農家戸数 (b)
	Ver.44	農家一戸当たり豚出荷頭数	(頭/戸)	豚出荷頭数 (b) /農村農家戸数 (b)
所得	Ver.45	農牧民所得 (注3)	(元)	農牧民一人当たり所得 (a) (b)

注1：本研究にて使用した統計資料は，以下の記号で示している．
(a)：内蒙古統計局編「内蒙古統計年鑑2001」および内蒙古統計局編「内蒙古統計年鑑2008」
(b)：国家統計局蒙古調査総隊編「内蒙古自治区農村牧区社会経済統計年鑑2001」および国家統計局蒙古調査総隊編「内蒙古自治区農村牧区社会経済統計年鑑2008」
(c)：内蒙古自治区地図制印編「内蒙古自治区地図冊」

注2：肉用牛と乳用牛を含んだ数値である．

注3：羊換算とは内モンゴルにおける異なる畜種間の換算単位である．成畜綿羊1頭=1羊単位，成畜山羊1頭=0.9羊単位，成畜牛1頭=5羊単位となっている．家畜が食べる牧草量を計る単位に基づいた単位である．

注4：農牧民所得は、デフレートは行わず分析に用いた.なお，2000年から2007年にかけての消費者物価指数の上昇率は17.4%であった．

牧区				半農半牧区			
2000 年		2007 年		2000 年		2007 年	
平均値	標準偏差	平均値	標準偏差	平均値	標準偏差	平均値	標準偏差
4.0	5.1	4.1	5.4	23.7	11.4	22.0	11.3
1.0	2.8	0.6	1.5	1.2	2.4	0.7	1.4
63.5	37.0	56.6	42.6	73.6	28.7	74.4	29.3
35.5	37.0	42.7	43.0	25.2	28.1	24.8	29.1
13.9	16.9	9.1	13.4	8.7	10.6	6.5	10.2
16.5	16.5	22.6	21.9	23.5	11.2	30.5	17.6
8.4	12.9	5.4	9.6	13.0	17.4	10.4	14.2
5.9	10.3	7.7	14.7	16.1	17.6	15.5	17.8
20.3	20.0	8.8	11.2	14.7	13.6	6.8	6.9
0.3	0.6	0.2	0.4	1.3	2.0	0.7	1.5
3.7	3.2	3.7	3.2	4.4	2.7	4.4	2.7
285.3	90.7	285.3	90.7	384.4	71.2	384.4	71.2
38.9	30.8	34.3	27.3	77.6	9.5	64.4	17.6
48.6	34.0	51.7	33.4	4.4	5.0	8.2	10.4
1.0	1.2	2.4	3.2	2.8	2.9	4.1	2.6
1.1	1.1	3.2	4.0	3.8	2.8	5.6	3.8
1.6	1.0	2.7	5.6	2.6	1.5	3.3	2.0
7.5	7.1	11.9	9.6	14.4	49.2	14.6	50.2
583.9	670.0	1050.0	1230.8	1054.1	3438.4	1617.1	4745.8
66.8	66.7	116.8	197.7	80.1	89.5	100.8	152.8
140.7	258.0	200.4	236.1	712.5	3477.0	538.2	2497.1
1.2	1.0	3.9	4.9	1.2	1.1	1.9	1.8
6.4	8.6	5.1	6.1	2.9	12.4	4.6	19.8
53.2	68.6	48.4	63.7	7.4	18.1	13.1	30.9
29.5	27.1	28.3	24.5	2.1	3.1	4.0	5.4
1.2	1.1	1.3	1.7	3.0	4.3	1.9	2.2
27.6	21.7	27.8	20.9	30.1	18.1	36.3	21.3
36.7	20.3	37.7	18.8	34.4	14.4	39.3	18.4
31.0	22.9	31.5	24.2	12.6	10.7	15.5	18.4
4.7	6.9	3.0	4.1	22.9	13.3	9.0	7.7
2059.1	1680.6	2190.3	2237.7	2486.8	1708.4	2494.9	2126.5
3173.1	2818.4	3587.6	2847.1	4325.2	2733.8	4470.1	2951.2
683.3	804.6	870.2	1056.4	1042.7	714.0	1467.7	1813.5
2602.4	2183.5	5788.1	8126.9	2916.5	2063.3	4944.0	3096.6
946.4	900.1	1103.8	993.9	985.5	800.8	1164.0	748.6
11718.6	14190.7	10529.1	16643.3	15851.3	12768.0	23522.0	23129.1
444.0	605.3	418.9	573.5	123.5	431.1	278.7	1282.3
868.5	1309.3	1146.2	1370.5	64.0	93.5	281.8	663.6
138.2	121.5	123.7	169.9	345.5	521.2	166.4	291.1
1685.0	3501.0	5149.7	11596.1	1851.6	10345.4	8741.4	36950.1
120.2	146.0	115.9	133.0	20.4	44.7	34.2	98.7
3.3	4.4	2.7	3.6	0.9	2.9	1.7	7.6
53.1	76.1	66.0	76.3	4.5	6.4	17.2	41.2
1.5	1.3	1.5	2.1	3.6	5.0	2.0	2.8
2369.7	933.6	4689.5	1412.4	2068.3	697.1	4345.9	1505.3

第二段階として，これら作成したデータセットより合成変数を作成し，それぞれの概念ごとに主成分分析を行った．主成分分析における主成分分析出の基準は，固有値1.0以上とし，主成分の意味づけにおいては，主成分負荷量0.5以上の変数を重要変数と考え，主成分の意味づけを行った（永田・棟近 2001）．

第三段階として，主成分分析より算出された主成分得点を用いてパス解析を行い，使用変数を標準化することによって，説明変数の従属変数に対する直接的影響を計測した．なお，分析にはSPSS18.0を用いた．

3. 主成分分析の結果と考察

3-1. 牧区の結果

表4-2～4-5は，2000年の牧区における主成分分析の結果を示したものである．

2000年の土地投入に関しては，4つの主成分が析出され，12変数の全分散の74.3%が説明された．第1主成分に主成分負荷量0.5以上の強さで関係していた変数（以下，重要変数とする）は，平均気温，灌漑面積率，とうもろこし作付率，油類作付率の4変数であった．ゆえに，第1主成分は「灌漑・とうもろこし作付率」を意味していると考える．第2主成分は，水田面積率，耕地率，畑面積率の

表4-2　土地投入に関する主成分分析の結果（2000年牧区）

	灌漑・とうもろこし作付率	水田・耕地率	豆類作付率	甜菜・小麦作付率
平均気温	**0.906**	0.128	0.068	0.011
灌漑面積率	**0.827**	-0.095	-0.418	0.083
とうもろこし作付率	**0.788**	0.382	0.048	0.098
油類作付率	**-0.660**	0.076	-0.401	0.090
水田面積率	0.124	**0.966**	0.078	0.056
耕地率	0.075	**0.658**	**0.518**	0.134
畑面積率	-0.124	**-0.966**	-0.078	-0.056
豆類作付率	0.134	0.118	**0.872**	-0.088
年間降水量	-0.349	0.488	**0.597**	0.061
甜菜作付率	0.261	0.073	0.309	**0.677**
イモ類作付率	-0.016	-0.190	0.128	**-0.662**
小麦作付率	-0.394	-0.204	-0.192	**0.555**
固有値	2.960	2.811	1.889	1.265
寄与率（%）	24.666	23.423	15.743	10.538
累積寄与率（%）	24.666	48.088	63.832	74.370

注）：太字は主成分負荷量が0.5以上の変数を示す．表4-3～4-17も同様．

3 変数が重要変数であったため，「水田・耕地率」を示すと考える．第 3 主成分では，豆類作付率，年間降水量，耕地率の 3 変数が寄与しており，「豆類作付率」を意味している．第 4 主成分は，甜菜および小麦の作付率の高い地域で，イモ類の作付率が低い傾向にあることを示していたため，「甜菜・小麦作付率」と考える．

労働投入に関しては, 2 つの主成分が析出され, 全分散の 79.1%が説明された．第 1 主成分の重要変数は，耕種農業労働者率および牧畜農業労働者率の 2 変数であった．この第 1 主成分は「耕種農業労働力投入」を意味していた．第 2 主成分は, 小売業労働者率, 工業労働者率, 建築業労働者率の 3 変数が重要変数であり, この主成分の意味するところは「非農業労働力投入」であると考える．

資本投入に関しては，5 つの主成分が析出され，13 変数の全分散の 86.4%を説明していた．第 1 主成分の重要変数は，綿羊飼養率および農家一戸当たり綿羊飼養頭数の負荷量は正の値を示し，豚飼養率および農家一戸当たり豚飼養頭数の負荷量は負の値を示していたことから,「綿羊飼養率」を意味するものと考える．第 2 主成分では，表 4-4 に示す農業機械に関連する 3 変数の負荷量が高かったことから,「農業機械装備率」と考える．第 3 主成分は，牛飼養率，農家一戸当たり牛飼養頭数が正の負荷量を示し，山羊飼養頭数が負の負荷量を示していたため,「牛飼養率」を意味すると考える．第 4 主成分は，山羊飼養頭数および耕地面積当たり農薬使用量の 2 変数が重要変数であったため,「山羊飼養・農薬使用量」を意味する．第 5 主成分は，利用面積当たりビニール使用量および豚飼養率が重要変数であったが，ビニール使用量の負荷量が 0.911 と高かったことから「ビニール使用量」を示す主成分と考える．

表 4-3　労働投入に関する主成分分析の結果
（2000 年牧区）

	耕種農業 労働力投入	非農業 労働力投入
耕種農業労働者率	**0.948**	0.088
牧畜農業労働者率	**-0.958**	-0.108
小売業労働者率	-0.082	**0.894**
工業労働者率	0.178	**0.784**
建築業労働者率	0.499	**0.647**
固有値	2.104	1.851
寄与率（%）	42.078	37.028
累積寄与率（%）	42.078	79.106

表 4-4　資本投入に関する主成分分析の結果（2000 年牧区）

	綿羊飼養率	農業機械装備率	牛飼養率	山羊飼養・農薬使用量	ビニール使用量
綿羊飼養率	**0.903**	0.062	-0.165	-0.210	-0.010
農家一戸当たり綿羊飼養頭数	**0.823**	0.220	0.306	0.260	0.072
豚飼養率	**-0.606**	-0.103	0.091	-0.345	**0.539**
農家一戸当たり豚飼養頭数	**-0.569**	0.267	-0.064	-0.397	0.452
農家一戸当たり重油使用量	0.033	**0.924**	0.221	-0.069	-0.039
農家一戸当たり農牧畜業用機械動力	0.265	**0.914**	0.123	0.035	-0.170
農家一戸当たり電気使用量	-0.180	**0.704**	-0.435	0.252	0.095
牛飼養率	-0.318	0.052	**0.909**	-0.157	0.061
農家一戸当たり牛飼養頭数	0.481	**0.522**	**0.638**	0.146	-0.147
山羊飼養率	-0.317	-0.073	**-0.743**	0.438	-0.211
農家一戸当たり山羊飼養頭数	0.419	0.005	-0.252	**0.812**	-0.061
耕地面積当たり農薬使用量	-0.076	0.099	-0.095	**0.803**	0.028
利用面積当たりビニール使用量	0.023	-0.128	0.077	0.073	**0.911**
固有値	2.904	2.625	2.251	2.006	1.443
寄与率（%）	22.340	20.190	17.319	15.430	11.098
累積寄与率（%）	22.340	42.530	59.849	75.279	86.377

農畜産物生産力に関しては，14 変数によって形成されている全分散のうち 90.5%が析出された 4 つの主成分によって説明されている．第 1 主成分に寄与している変数は，表 4-5 に示すように家畜生産に関連する 5 変数であった．寄与している畜種より，「山羊・綿羊・牛生産力」を意味していると考える．第 2 主成分は，耕種作物に関連する 5 つの変数が寄与していたため，「耕種作物生産力」を意味すると考える．第 3 主成分は豚飼養に関する変数で構成されていることから「豚生産力」を意味するものである．第 4 主成分では，農家一戸当たり生乳生産量のみが重要変数として主成分に寄与していたことから，「生乳生産力」を示す主成分であるといえる．

次いで 2007 年の牧区における主成分分析の分析結果を表 4-6～4-9 に示す．

表 4-5　農畜産物生産力に関する主成分分析の結果（2000 年牧区）

	山羊・綿羊・牛生産力	耕種作物生産力	豚生産力	生乳生産力
農家一戸当たり山羊出荷頭数	**0.951**	-0.169	-0.185	0.093
農家一戸当たり山羊肉生産量	**0.950**	-0.177	-0.179	0.090
農家一戸当たり綿羊毛生産量	**0.920**	-0.193	-0.125	0.137
農家一戸当たり牛出荷頭数	**0.762**	-0.307	-0.243	0.465
農家一戸当たり牛肉生産量	**0.757**	-0.288	-0.230	0.499
作付面積当たり油類生産量	-0.076	**0.915**	-0.012	-0.030
作付面積当たり小麦生産量	-0.196	**0.901**	0.191	0.160
作付面積当たりイモ生産量	-0.354	**0.800**	0.151	-0.068
作付面積当たりとうもろこし生産量	-0.315	**0.757**	0.213	-0.447
作付面積当たり甜菜生産量	-0.173	**0.748**	0.355	-0.211
農家一戸当たり豚肉生産量	-0.283	0.147	**0.927**	0.020
農家一戸当たり豚出荷頭数	-0.277	0.105	**0.925**	-0.004
作付面積当たり豆類生産量	0.016	0.479	**0.705**	-0.297
農家一戸当たり生乳生産量	0.308	-0.016	-0.012	**0.920**
固有値	4.359	3.960	2.638	1.712
寄与率（%）	31.135	28.282	18.841	12.228
累積寄与率（%）	31.135	59.418	78.258	90.486

2007 年の土地投入に関しては，4 つの主成分が析出され，12 変数の全分散の 76.8%を説明していた．第 1 主成分の重要変数は，耕地率，豆類作付率，水田面積率，年間降水量，畑面積率の 5 変数であった．ゆえに，第 1 主成分は「耕地率・豆類作付率・水田率」を意味している主成分である．第 2 主成分の重要変数は，灌漑面積率，平均気温，とうもろこし作付率，畑面積率の 4 変数であったため，「灌漑・とうもろこし作付率」を意味している．第 3 主成分は，油類作付率および小麦作付率が重要変数であったため，「油類・小麦作付率」を意味すると考える．第 4 主成分は，甜菜作付率のみが重要変数であったため，「甜菜作付率」を意味する主成分であった．

労働投入に関しては，2 つの主成分が析出され，5 変数の全分散の 82.3%が説明された．第 1 主成分には，耕種農業労働者率，建築業労働者率および牧畜農業労働者率の 3 変数が重要変数として寄与していたことより，「耕種農業・建築業労働力投入」を意味するといえる．第 2 主成分の重要変数は，小売業労働者率および工業労働者率の 2 変数であったため，「小売業・工業労働力投入」を意味していた．

資本投入に関しては，5 つの主成分が析出され，13 変数の全分散の 86.2%を説明していた．第 1 主成分は，表 4-8 に示す 4 変数が重要変数であったことより「山

表 4-6　土地投入に関する主成分分析の結果（2007年牧区）

	耕地率・豆類作付率・水田率	灌漑・とうもろこし作付率	油類・小麦作付率	甜菜作付率
耕地率	**0.885**	0.085	-0.030	0.138
豆類作付率	**0.816**	0.023	-0.110	-0.367
水田面積率	**0.789**	0.189	-0.011	0.204
年間降水量	**0.720**	-0.393	-0.106	0.133
灌漑面積率	-0.315	**0.892**	0.046	0.018
平均気温	0.213	**0.845**	-0.188	-0.075
とうもろこし作付率	0.434	**0.817**	-0.018	0.089
畑面積率	**0.513**	**-0.682**	0.168	0.024
油類作付率	-0.026	-0.008	**0.807**	0.101
小麦作付率	-0.184	-0.269	**0.783**	0.161
甜菜作付率	0.223	0.060	0.282	**0.814**
イモ類作付率	-0.169	-0.434	-0.487	0.458
固有値	3.299	3.105	1.671	1.137
寄与率（%）	27.495	25.877	13.929	9.473
累積寄与率（%）	27.495	53.372	67.301	76.773

表 4-7　労働投入に関する主成分分析の結果（2007年牧区）

	耕種農業・建築業労働力投入	小売業・工業労働力投入
耕種農業労働者率	**0.931**	0.074
建築業労働者率	**0.621**	0.077
牧畜農業労働者率	**-0.977**	-0.082
小売業労働者率	-0.016	**0.974**
工業労働者率	0.215	**0.947**
固有値	2.253	1.864
寄与率（%）	45.051	37.275
累積寄与率（%）	45.051	82.326

羊飼養率」を意味する．第2主成分の重要変数は4変数であったため，「農業機械装備率」である．第3主成分は綿羊飼養率および農家一戸当たり綿羊飼養頭数が重要変数であったことから，「綿羊飼養率」を意味している．第4主成分の重要変数は，農家一戸当たり豚飼養頭数および豚飼養率であったため，「豚飼養率」とする．第5主成分は，耕地面積当たり農薬使用量および利用面積当たりビニール使用量の2変数が重要変数であったため，「農薬・ビニール使用量」を意味する．

農畜産物生産力は，4つの主成分が析出された．これらの主成分により14変数によって形成されている全分散のうち82.8%が説明されている．第1主成分の重

表 4-8　資本投入に関する主成分分析の結果（2007 年牧区）

	山羊 飼養率	農業機械 装備率	綿羊 飼養率	豚 飼養率	農薬・ビニール 使用量
山羊飼養率	**0.853**	-0.123	-0.465	-0.093	-0.018
農家一戸当たり 山羊飼養頭数	**0.820**	0.133	0.178	-0.241	0.063
牛飼養率	**-0.898**	0.219	-0.222	0.080	0.126
農家一戸当たり 重油使用量	-0.139	**0.904**	-0.076	-0.010	0.032
農家一戸当たり 農牧畜業用機械動力	0.222	**0.873**	0.322	0.091	-0.046
農家一戸当たり 牛飼養頭数	-0.389	**0.791**	0.337	-0.142	-0.052
農家一戸当たり 電気使用量	**0.536**	**0.556**	-0.231	0.140	-0.031
綿羊飼養率	-0.041	-0.046	**0.927**	-0.140	-0.153
農家一戸当たり 綿羊飼養頭数	0.088	0.300	**0.888**	-0.101	0.133
農家一戸当たり 豚飼養頭数	-0.066	0.134	0.009	**0.938**	-0.026
豚飼養率	-0.251	-0.180	-0.362	**0.772**	0.163
耕地面積当たり 農薬使用量	0.137	-0.108	0.086	-0.078	**0.874**
利用面積当たり ビニール使用量	-0.220	0.081	-0.138	0.174	**0.826**
固有値	2.857	2.756	2.380	1.664	1.542
寄与率（%）	21.978	21.204	18.306	12.801	11.861
累積寄与率（%）	21.978	43.181	61.487	74.288	86.150

要変数は 5 変数あり，それらは，表 4-9 に示すように耕種作物に関連する変数であったため，第 1 主成分は「耕種作物生産力」を意味している．第 2 主成分の重要変数は，農家一戸当たり生乳生産量，農家一戸当たり牛出荷頭数，農家一戸当たり牛肉生産量の 3 変数であったため，「生乳・牛生産力」を意味している．第 3 主成分は，山羊および綿羊の生産に関する変数が寄与していたため，「山羊・綿羊生産力」を意味する．第 4 主成分では，重要変数は農家一戸当たり豚出荷頭数および農家一戸当たり豚肉生産量の 2 変数であったため，「豚生産力」を意味する．

以上，牧区における農業生産構造の変化をまとめると，土地投入に関しては，2000 年は「水田・耕地率」と「豆類作付率」がそれぞれ独立した形で農業生産構造を形成していたが，2007 年には両主成分を形成していた変数が強く結び付き，

表4-9　農畜産物生産力に関する主成分分析の結果（2007年牧区）

	耕種作物 生産力	生乳・牛 生産力	山羊・綿羊 生産力	豚 生産力
作付面積当たり小麦生産量	**0.899**	-0.044	0.021	0.023
作付面積当たり油類生産量	**0.862**	-0.145	-0.027	0.205
作付面積当たりとうもろこし生産量	**0.732**	-0.387	-0.283	0.316
作付面積当たり甜菜生産量	**0.628**	-0.127	-0.304	-0.263
作付面積当たり豆類生産量	**0.533**	-0.215	-0.100	0.453
農家一戸当たり生乳生産量	-0.015	**0.951**	0.160	0.061
農家一戸当たり牛出荷頭数	-0.237	**0.923**	0.271	-0.043
農家一戸当たり牛肉生産量	-0.229	**0.921**	0.278	-0.050
農家一戸当たり山羊出荷頭数	-0.177	0.269	**0.891**	-0.219
農家一戸当たり山羊肉生産量	-0.194	0.242	**0.871**	-0.234
農家一戸当たり綿羊毛生産量	-0.313	0.414	**0.700**	0.060
作付面積当たりイモ生産量	0.429	0.059	**0.601**	0.094
農家一戸当たり豚出荷頭数	0.085	0.007	-0.081	**0.973**
農家一戸当たり豚肉生産量	0.070	0.038	-0.096	**0.967**
固有値	3.237	3.146	2.782	2.421
寄与率（%）	23.124	22.472	19.869	17.291
累積寄与率（%）	23.124	45.597	65.466	82.756

同一次元の主成分として農業生産構造を構成していた．

労働投入に関しては，2000年には農業に関連する主成分と非農業に関する主成分とに分類されていたが，2007年では，耕種農業の労働者数が多いところでは建築業の労働者数も多い傾向となり，労働投入に関する構造変化が生じていることが示唆された．

資本投入に関しては，2000年には「牛飼養率」は独立した主成分として析出されていたが，2007年には独立した形として析出されなかった．2007年における牛の飼養率に関しては，山羊の飼養率と逆相関の関係にあった．このことは，2000年の時点では，牧畜として山羊と牛が複合的に飼養されていたが，2007になると山羊と牛の複合的な飼養形態がみられなくなったことを意味している．その他，新たにみられた変化として，豚飼養に関する主成分が独立した形で析出されていた．

こうした資本投入の変化は，農畜産物生産力の変化にも表れていた．2000年には山羊・綿羊・牛の家畜が複合的に飼養されていることを示す主成分が析出されていたが，2007年には肉牛生産および生乳生産に関する生産力と山羊・綿羊に関する生産力とが独立した主成分として析出されたため，施設型の家畜飼養と放牧型の家畜飼養の特徴がより明確化された形となって生産構造を形成していることが示唆された.

3-2. 半農半牧区の結果

表4-10～4-13は，2000年における半農半牧区の分析結果を示したものである.

2000年の土地投入に関しては，4つの主成分が析出され，12変数の全分散の77.0%が説明されている．第1主成分の重要変数は，とうもろこし作付率，平均気温，耕地率が正の負荷量を示し，油類作付率および小麦作付率は負の負荷量を示していた．この第1主成分は「とうもろこし作付率」を意味していると考える．第2主成分は，畑面積率，イモ類作付率および水田面積率の3変数が重要変数であったため，「畑面積率・イモ類作付率」を示す主成分である．第3主成分の重要変数は，甜菜作付率，灌漑面積率および年間降水量の3変数であったため，「甜菜作付率・灌漑面積率」を意味する．第4主成分は，豆類作付率のみが重要変数であり，主成分負荷量が負の値であったことから，この主成分は「低豆類作付率」を意味している.

労働投入に関しては，2つの主成分が析出され，全分散の76.7%が説明された．第1主成分では，建築業労働者率，工業労働者率が正に負荷量として，耕種農業

表4-10　土地投入に関する主成分分析の結果（2000年半農半牧区）

	とうもろこし作付率	畑面積率・イモ類作付率	甜菜作付率・灌漑面積率	低豆類作付率
とうもろこし作付率	**0.752**	-0.400	0.193	0.052
平均気温	**0.612**	-0.144	0.457	0.384
耕地率	**0.521**	0.142	0.011	0.294
油類作付率	**-0.869**	0.051	0.070	0.344
小麦作付率	**-0.825**	-0.021	0.325	0.229
畑面積率	-0.110	**0.956**	0.063	0.027
イモ類作付率	0.344	**0.569**	-0.393	0.304
水田面積率	0.110	**-0.956**	-0.063	-0.027
甜菜作付率	0.038	0.238	**0.846**	-0.046
灌漑面積率	0.040	-0.313	**0.778**	0.409
年間降水量	0.282	0.000	**-0.524**	-0.475
豆類作付率	0.035	-0.118	-0.133	**-0.901**
固有値	2.874	2.525	2.133	1.707
寄与率（%）	23.948	21.043	17.773	14.223
累積寄与率（%）	23.948	44.991	62.764	76.987

表 4-11　労働投入に関する主成分分析の結果（2000 年半農半牧区）

	建築業・工業労働力投入	牧畜業・小売業労働力投入
建築業労働者率	**0.858**	-0.097
工業労働者率	**0.722**	0.017
耕種農業労働者率	**-0.792**	-0.483
牧畜農業労働者率	-0.228	**0.933**
小売業労働者率	0.473	**0.748**
固有値	2.161	1.673
寄与率（%）	43.229	33.469
累積寄与率（%）	43.229	76.697

表 4-12　資本投入に関する主成分分析の結果（2000 年半農半牧区）

	農業機械装備率	施設型畜産飼養率	山羊・豚飼養率
農家一戸当たり電気使用量	**0.969**	0.104	0.097
農家一戸当たり重油使用量	**0.963**	0.114	0.210
農家一戸当たり牛飼養頭数	**0.950**	0.132	0.259
農家一戸当たり綿羊飼養頭数	**0.937**	0.009	0.337
利用面積当たりビニール使用量	**0.923**	0.211	-0.099
農家一戸当たり農牧畜業用機械動力	0.841	0.136	**0.508**
牛飼養率	0.345	**0.710**	0.174
豚飼養率	-0.325	**0.598**	-0.242
耕地面積当たり農薬使用量	0.206	**0.535**	-0.062
綿羊飼養率	0.000	**-0.879**	-0.164
山羊飼養率	-0.181	**-0.760**	0.229
農家一戸当たり山羊飼養頭数	0.228	-0.257	**0.917**
農家一戸当たり豚飼養頭数	**0.661**	0.233	**0.677**
固有値	5.998	2.721	1.972
寄与率（%）	46.136	20.934	15.172
累積寄与率（%）	46.136	67.070	82.242

労働者率は負の負荷量を示していたことから，「建築業・工業労働力投入」を意味している．第 2 主成分は，牧畜農業労働者率および小売業労働者率の 2 変数が重要変数であったため，「牧畜業・小売業労働力投入」であるといえる．

資本投入に関しては，3 つの主成分が析出され，13 変数の全分散の 82.2%が説明されている．第 1 主成分に寄与していた重要変数は，表 4-12 に示す 7 変数であったため，第 1 主成分は「農業機械装備率」を意味するものと考える．第 2 主成分は，牛飼養率，豚飼養率，耕地面積当たり農薬使用量が正の負荷量を示し，綿

表 4-13　農畜産物生産力に関する主成分分析の結果（2000 年半農半牧区）

	畜産物生産力	耕種作物生産力
農家一戸当たり牛肉生産量	**0.984**	-0.070
農家一戸当たり牛出荷頭数	**0.979**	-0.078
農家一戸当たり綿羊毛生産量	**0.959**	-0.027
農家一戸当たり山羊出荷頭数	**0.956**	-0.038
農家一戸当たり山羊肉生産量	**0.953**	-0.031
農家一戸当たり豚出荷頭数	**0.952**	-0.005
農家一戸当たり豚肉生産量	**0.923**	-0.011
農家一戸当たり生乳生産量	**0.906**	-0.026
作付面積当たりとうもろこし生産量	-0.282	**0.883**
作付面積当たりイモ生産量	0.221	**0.860**
作付面積当たり油類生産量	0.277	**0.858**
作付面積当たり甜菜生産量	-0.219	**0.754**
作付面積当たり豆類生産量	-0.205	**0.722**
作付面積当たり小麦生産量	0.035	**0.686**
固有値	7.547	3.831
寄与率（%）	53.906	27.362
累積寄与率（%）	53.906	81.267

羊飼養率および山羊飼養率は負の負荷量を示していたため，「施設型畜産飼養率」であると考える．第 3 主成分の重要変数は，農家一戸当たり山羊飼養頭数，農家一戸当たり豚飼養頭数および農家一戸当たり牧畜業用機械動力の 3 変数であり，負荷量の強さより「山羊・豚飼養率」を意味するといえる．

農畜産物生産力に関しては，2 つの主成分が析出され，14 変数によって形成されている全分散のうち 81.3%が説明された．第 1 主成分の重要変数は，表 4-17 に示すように 8 変数すべて畜産物の生産力に関連するものであったため，「畜産物生産力」であるといえる．一方，第 2 主成分の重要変数は 6 変数あり，これらはすべて耕種作物の生産力に関するものであったため，「耕種作物生産力」を意味している．

表 4-14～表 4-17 は，2007 年における半農半牧区の分析結果を示したものである．

2007 年の土地投入に関しては，4 つの主成分が析出され，12 変数の全分散の 75.2%が説明された．第 1 主成分に寄与していた重要変数は，灌漑面積率，平均気温，とうもろこし作付率，畑面積率および年間降水量の 5 変数であった．この

表 4-14　土地投入に関する主成分分析の結果（2007 年牧区）

	灌漑・とうもろこし作付率	低高麦作付率・低油類作付率	豆類作付率	耕地率・甜菜作付率
灌漑面積率	**0.940**	-0.093	0.128	0.189
平均気温	**0.705**	0.496	-0.155	0.084
とうもろこし作付率	**0.623**	**0.522**	0.396	0.150
畑面積率	**-0.937**	0.086	-0.163	-0.184
年間降水量	**-0.582**	0.411	0.255	0.140
小麦作付率	-0.005	**-0.928**	0.060	-0.149
油類作付率	0.105	**-0.784**	-0.122	0.031
水田面積率	0.092	0.140	**0.738**	-0.172
豆類作付率	-0.451	0.109	**0.727**	0.245
イモ類作付率	-0.413	0.160	**-0.739**	-0.027
耕地率	0.089	0.226	0.180	**0.803**
甜菜作付率	0.194	-0.086	-0.344	**0.593**
固有値	3.425	2.295	2.078	1.228
寄与率（%）	28.539	19.125	17.316	10.235
累積寄与率（%）	28.539	47.664	64.981	75.216

第 1 主成分は「灌漑・とうもろこし作付率」を意味している．第 2 主成分の重要変数は，小麦作付率，油類作付率およびとうもろこし作付率の 3 変数であった．

とうもろこし作付率を除く 2 変数の主成分負荷量はともに負の値であったため，「低小麦・低油類作付率」を意味している．第 3 主成分は，水田面積率および豆類作付率が正の負荷量で，イモ類作付率は負の負荷量であったため，「水田面積率・豆類作付率」を示す．第 4 主成分は，耕地率および甜菜作付率の 2 変数が重要変数であったことから「耕地率・甜菜作付率」を意味している．

労働投入に関しては，2 つの主成分が析出され，全分散の 73.6%が説明されている．第 1 主成分では，小売業労働者率，牧畜農業労働者率および耕種農業労働者率の 3 変数が重要変数であったため，「小売業・牧畜業労働力投入」を意味している．第 2 主成分の重要変数は，工業労働者率および建築業労働者率の 2 変数であったことから，「工業・建築業労働力投入」である．

資本投入に関しては，4 つの主成分が析出され，13 変数の全分散の 87.3%が説明された．第 1 主成分の重要変数は表 4-16 に示す 7 変数であったことより，「農業機械装備率」を意味すると考える．第 2 主成分は，山羊飼養率，農家一戸当たり山羊飼養頭数および綿羊飼養率の 3 変数が重要変数であったため，「山羊飼養率」を意味する．第 3 主成分の重要変数は，豚飼養率，農家一戸当たり豚飼養頭

表 4-15　労働投入に関する主成分分析の結果（2007 年半農半牧区）

	小売業・牧畜業労働力投入	工業・建設業労働力投入
小売業労働者率	**0.837**	0.072
牧畜農業労働者率	**0.825**	-0.361
耕種農業労働者率	**-0.731**	-0.484
工業労働者率	0.046	**0.848**
建築業労働者率	-0.034	**0.819**
固有値	1.918	1.760
寄与率（%）	38.361	35.208
累積寄与率（%）	38.361	73.569

表 4-16　資本投入に関する主成分分析の結果（2007 年半農半牧区）

	農業機械装備率	山羊飼養率	豚飼養率	牛飼養率
農家一戸当たり農牧畜業用機械動力	**0.993**	0.016	-0.015	0.081
農家一戸当たり重油使用量	**0.989**	-0.013	0.002	0.101
農家一戸当たり牛飼養頭数	**0.987**	-0.024	-0.011	0.137
農家一戸当たり電気使用量	**0.984**	0.058	0.017	0.101
農家一戸当たり綿羊飼養頭数	**0.978**	-0.080	-0.070	-0.035
農家一戸当たり豚飼養頭数	**0.790**	0.015	**0.547**	0.077
山羊飼養率	-0.094	**0.949**	-0.041	-0.250
農家一戸当たり山羊飼養頭数	**0.503**	**0.808**	-0.069	-0.150
豚飼養率	-0.173	-0.072	**0.915**	-0.082
耕地面積当たり農薬使用量	0.135	0.016	**0.812**	0.183
牛飼養率	0.209	-0.342	-0.034	**0.912**
綿羊飼養率	-0.075	**-0.524**	-0.301	**-0.773**
利用面積当たりビニール使用量	-0.040	0.171	-0.001	0.053
固有値	5.848	1.990	1.900	1.611
寄与率（%）	44.988	15.308	14.612	12.389
累積寄与率（%）	44.988	60.297	74.908	87.297

数および耕地面積当たり農薬使用量の 3 変数であったことより，「豚飼養率」を意味する．第 4 主成分は，牛飼養率および綿羊飼養率の 2 変数が重要変数であったが，牛飼養率の主成分負荷量が 0.912 と高い値を示していたことから，この主成分は「牛飼養率」を意味する．

農畜産物生産力に関しては，2 つの主成分が析出され，14 変数によって形成されている全分散のうち 82.7%が説明された．第 1 主成分の重要変数は，2000 年と

表 4-17　農畜産物生産力に関する主成分分析の結果（2007 年半農半牧区）

	畜産物生産力	耕種作物生産力
農家一戸当たり牛出荷頭数	**0.993**	-0.062
農家一戸当たり牛肉生産量	**0.993**	-0.063
農家一戸当たり生乳生産量	**0.984**	-0.074
農家一戸当たり綿羊毛生産量	**0.982**	-0.078
農家一戸当たり山羊出荷頭数	**0.976**	-0.109
農家一戸当たり山羊肉生産量	**0.974**	-0.112
農家一戸当たり豚肉生産量	**0.943**	0.120
農家一戸当たり豚出荷頭数	**0.875**	0.191
作付面積当たり小麦生産量	0.004	**0.873**
作付面積当たり油類生産量	0.077	**0.872**
作付面積当たりとうもろこし生産量	-0.181	**0.864**
作付面積当たりイモ生産量	0.319	**0.833**
作付面積当たり豆類生産量	-0.104	**0.725**
作付面積当たり甜菜生産量	-0.110	**0.610**
固有値	7.623	3.955
寄与率（%）	54.451	28.247
累積寄与率（%）	54.451	82.698

同様に畜産物に関連する 8 変数であったため，「畜産物生産力」を意味する（表 4-17）．第 2 主成分の重要変数も 2000 年と同様に耕種作物の生産力に関する変数が寄与していたため，「耕種作物生産力」を意味すると考える．

以上，2000 年から 2007 年の半農半牧区における農業生産構造では，労働投入および農畜産物生産力に関しては大きな変化はみられなかった．その一方で，変化がみられたのは土地投入および資本投入であった．

土地投入に関しては，2000 年および 2007 年ともに 4 つの主成分が析出されていたが，その構造の変化として，灌漑面積率の高い地域において，とうもろこしの作付が行われるようになったこと，小麦および油類の作付に関する変数が新たに析出されたことなどの変化がみられた．これらの結果より，2000 年から 2007 年にかけて，農作物の生産構造に変化が生じていることが示唆された．

他方，資本投入に関しては，2000 年には 3 つの主成分が析出されていたが，2007 年には 4 つの主成分が析出されていた．これらのことより，2000 年から 2007 年にかけて，農業生産を構成している構造がより複雑となっていることが示唆された．その特徴として，2000 年は，牛・豚飼養などの施設型の畜産経営および山羊・

豚飼養を複合的に飼養する形態の農業生産構造であったが，2007 年には，単一の家畜飼養の影響が強くなり，それぞれが独立した形で農業生産構造を形成していたことが明らかとなった．

4. パス解析の結果と考察

前節では，主成分分析の結果より，農業生産の構造変化がみられることを確認した．表 4-1 に示すように 2000 年から 2007 年にかけて，牧区における農牧民所得の平均値が 2,369.7 元から 4,689.5 元へと，半農半牧区での農牧民所得の平均値が 2,068.3 元から 4,345.9 元へと，それぞれ拡大していたため，農牧民所得の規定要因も変化していることが示唆される．本節で行うパス解析では，媒介変数である農畜産物生産力に関する主成分に対して，説明変数である土地投入，労働投入，資本投入に関する主成分が直接的な影響を及ぼしているか，農牧民所得はこれら説明変数および媒介変数の主成分から直接的な影響を受けているか，の 2 点を検証する．

4-1. 牧区の結果

図 4-1 および図 4-2 は，2000 年および 2007 年における牧区のパス解析の結果に基づいて描かれたパスダイアグラムである．

2000 年の牧区における農牧民所得に影響を及ぼす主成分として，媒介変数の「山羊・綿羊・牛生産力」および説明変数の「耕種農業労働力投入」が 5%水準で統計的に有意であった．このモデルによって，農牧民所得の全分散の約 80%（R^2=0.798）が説明された．これら 2 主成分の農牧民所得に対する直接的影響の程度は，両主成分ともパス係数が 0.5 を超えており，直接的影響度は相対的に高かった．この結果は，相対的に耕種農業の労働者率の高い地域において農牧民所得が少なく，山羊・綿羊・牛の生産力の高い地域において，農牧民所得が高い傾向にあることを意味している．ただし，耕種農業労働者率に関しては，先に示したように牧畜業労働者率と逆相関の関係にあったため，牧畜業の労働力者率の高い地域において，農牧民所得が高い傾向にあることも考えられる．

媒介変数である「山羊・綿羊・牛生産力」に対しては，「綿羊飼養率」および「山羊飼養・農薬使用量」がそれぞれ，0.750，0.325 の強さをもって影響していた．これらの主成分は，農牧民所得に対して直接的な影響は示していなかったが，「山

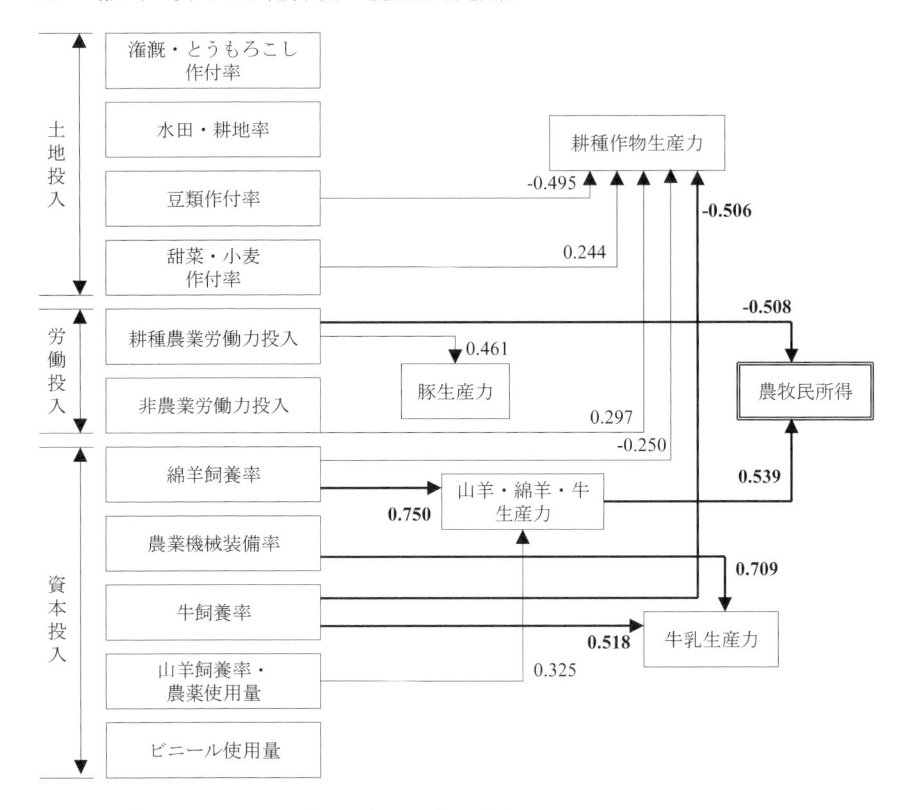

図 4-1　牧区におけるパスダイアグラム（2000 年）
注 1 : 農牧民所得に対する決定係数（R^2）は，0.798 であった．R^2 の変化は，山羊・綿羊・牛生産力からが 0.592，耕種農業労働力投入からが 0.206 であった．
注 2 : 図中の太線の矢印は，パス係数が-0.5 以下および 0.5 以上の強さで直接的な影響があることを示している．

羊・綿羊・牛生産力」を介して，農牧民所得に影響を与えている主成分であった．

2000 年の牧区では，耕種作物や豚，生乳などの生産力は，農業生産構造を構成する重要な主成分として析出されていたが，農牧民所得との関係においては有意な差がみられなかった．これらの結果より，2000 年の時点では，伝統的な遊牧・牧畜業を生業とし，山羊・綿羊・牛の生産力を高めることができるような飼養管理技術を有しているか否かが所得獲得に影響を及ぼしていたことが示唆された．

次いで 2007 年の牧区において，農牧民所得に影響を及ぼしていた主成分は，媒介変数である「豚生産力」および説明変数である「耕種農業・建築業労働力投入」

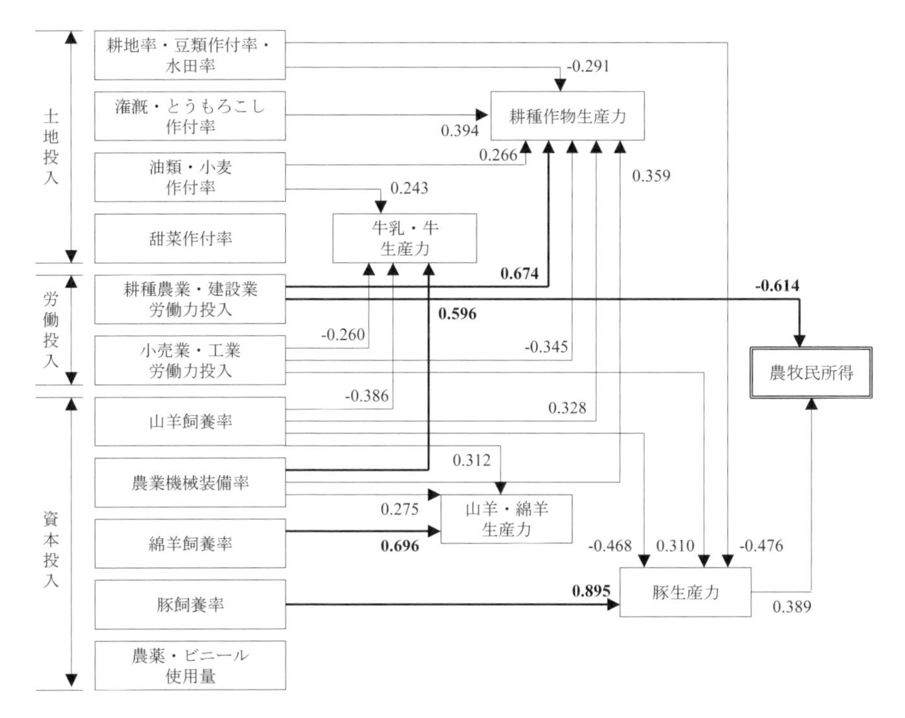

図 4-2　牧区におけるパスダイアグラム（2007 年）
注 1：農牧民所得に対する決定係数（R^2）は，0.432 であった．R^2 の変化は，耕種農業・建築業労働力投入からが 0.287，豚生産力が 0.145 であった．
注 2：図中の太線の矢印は，パス係数が-0.5 以下および 0.5 以上の強さで直接的な影響があることを示している．

であった．これら主成分の直接的影響は，「耕種農業・建築業労働力投入」が-0.614，「豚生産力」が 0.389 であった．「耕種農業・建築業労働力投入」に関しては，2000 年と同様に牧畜業の労働者率の高い地域において，農牧民所得が高い傾向にあった．加えて，「豚生産力」の高い地域において農牧民所得が高い傾向にあることが示された．この関係は，2000 年の時点ではみられなかったものであり，牧区における豚飼養の重要性を示す結果であった．

媒介変数である「豚生産力」に対しては，「耕地率・豆類作付率・水田率」，「小売業・工業労働力投入」，「山羊飼養率」および「豚飼養率」の 4 つの説明変数が直接的な影響を示していた．それらのパス係数は-0.476，0.310，-0.468，0.895 であった．これらの主成分は，「豚生産力」を介して，農牧民所得に影響を与えている主成分であった．「豆類作付率・耕地・水田率」および「山羊飼養率」は負の影響を示しており，「小売業・工業労働力投入」は，正の影響を示していた．これらのことより，豚飼養は，山羊飼養の少ない地域および小売業や建築業の労働者率の高い地域，すなわち，牧区の中でも比較的，半農半牧地域や都市部に近い地域において飼養されていることを示唆する結果であるといえる．

このモデルによって，農牧民所得の全分散の約43%（R^2=0.432）が説明されていたが，2000年と比べて，その決定係数は大幅に減少していた．この結果は，後述するように2007年では，農業生産構造以外の要因の影響が大きくなっていることを示唆している．

以上，2000年から2007年にかけて，農牧民所得の規定要因が変化しているとともに，農業生産構造もより複雑なものとなっていた．特に，2000年には直接的な影響がみられた「山羊・綿羊・牛生産力」は，「生乳・牛生産力」および「山羊・綿羊生産力」とそれぞれ異なる形で農業生産構造を形成していたものの両主成分とも統計的に有意な差はみられなかった．2000年から2007年にかけて新たに農牧民所得の規定要因となったのが，「豚生産力」であった．今川（1999）が指摘しているように，従来，漢民族が豚を飼養してきたが，近年ではモンゴル族も豚を飼養するようになってきていることから，今後も生産構造に変化が生じる可能性がある．ゆえに豚飼養に関しては，先で述べたように他家畜との関係や流通形態も含め，今後さらなる検討が必要であると考える．

また，モデルの決定係数をみてみると，その値は，0.798から0.432へと大幅に減少していたことから，農業生産以外の要因を考慮することが必要である．特に，2000年前後より実施されてきた「退耕還林・還草」政策や「生態移民」政策に関する補助金や出稼ぎなどによる副業収入の影響を考慮する必要があると考える．鬼木ら（2007）は，「退耕還林・還草」政策実施後の所得においては，生産物の転換がはかられただけでなく，副業収入の比重が高まっていることを指摘している．今後，農業生産構造や農牧民所得に関する分析を行う場合，農業生産以外の要因を考慮し分析を行うことが重要であるといえる．

4-2. 半農半牧区の結果

図4-3および図4-4は，2000年と2007年における半農半牧区のパスダイアグラムを示したものである．2000年の農牧民所得に影響を及ぼしていた主成分として5%水準で統計的に有意であったのは，媒介変数の「耕種作物生産力」および説明

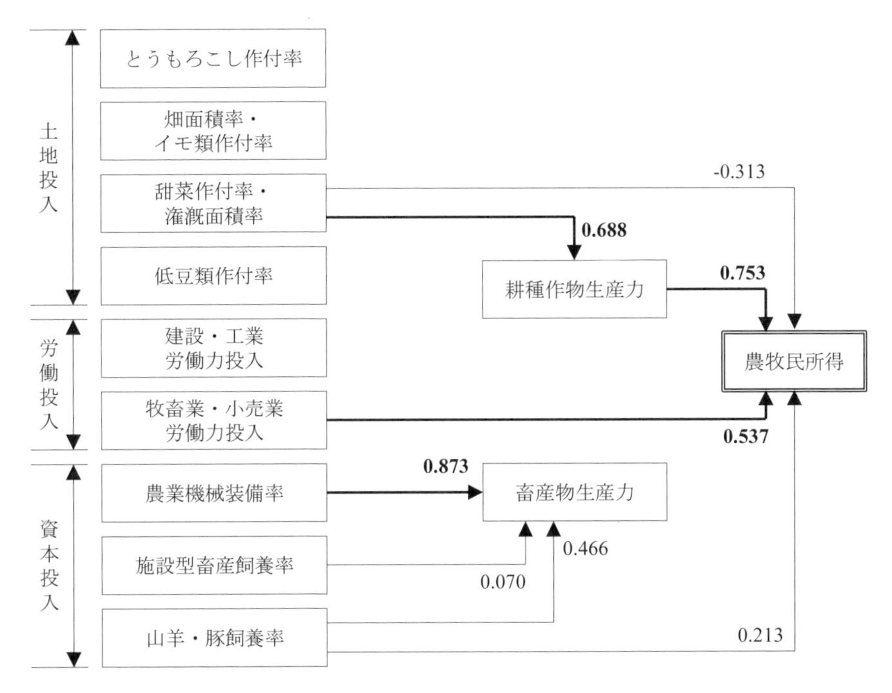

図4-3　半農半牧区におけるパスダイアグラム（2000年）
注1：農牧民所得に対する決定係数（R^2）は，0.730であった．R^2の変化は，牧畜業・小売業労働力投入からが0.342，耕種作物生産力が0.302，甜菜作付率・灌漑面積率が0.043，山羊・豚飼養率が0.043であった．
注2：図中の太線の矢印は，パス係数が-0.5以下および0.5以上の強さで直接的な影響があることを示している．

変数の「甜菜作付率・灌漑面積率」，「牧畜業・小売業労働力投入」および「山羊・豚飼養率」の4つの主成分であった．パス係数はそれぞれ，0.753，-0.313，0.537，0.213であり，最も高い値を示していたのは「耕種作物生産力」であった．「甜菜作付率・灌漑面積率」を除く3つの主成分は農牧民所得に対し，正の影響を示していた．説明変数に関しては，「牧畜業・小売業労働力投入」が高い地域および「山羊・豚飼養率」が高い地域において農牧民所得が高い傾向にあった．その一方で，「甜菜作付率・灌漑面積率」の高い地域においては，農牧民所得が低い傾向にあった．

モデルの決定係数は0.730であり，最も高い値を示していたのが「牧畜業・小売業労働力投入」であり，その決定係数は0.342であった．その次に「耕種作物生産力」の決定係数が高く変化量は 0.302 であった．残る「甜菜作付率・灌漑面積率」および「山羊・豚飼養率」における決定係数の変化量はともに 0.043 と小さい値であった．本章の結果は，媒介変数では，「耕種作物生産力」が，説明変数では「牧畜業・小売業労働力投入」に関する変数が特に重要であることを意味している．

媒介変数である「耕種作物生産力」に関しては，「甜菜作付率・灌漑面積率」が直接的な影響を示しており，「耕種作物生産力」を介して，農牧民所得に影響を及ぼしていた．先に述べたように農牧民所得に対して，直接的には負の影響を示していたが，耕種作物の生産力を伴うことにより，農牧民所得に対して正の影響をもたらしていた．

2007 年の農牧民所得に対する規定要因をみてみると，媒介変数からの直接的な影響はみられなかった．農牧民所得に対して統計的に有意な影響がみられたのは，「灌漑・とうもろこし作付率（0.550）」，「小売業・牧畜業労働力投入（0.467）」，「豚飼養率（-0.229）」，「牛飼養率（0.262）」の 4 つの主成分であり，「豚飼養率」のみ負の影響を示していた．モデルの決定係数は 0.645 であり，「灌漑・とうもろこし作付率」の決定係数の変化量が 0.295 で最も高く，次に「小売業・牧畜業労働力投入」の変化量が 0.229 で高かった．その他の 2 つの主成分に関しては，「牛飼養率」が 0.071，「豚飼養率」が 0.050 の変化量であり低い値であった．2007 年の結果において注目すべき点は，農牧民所得に対して「豚飼養率」からの直接的影響は負の値となっており，「牛飼養率」の直接的影響は正の値となっていることである．このことは，先に示した牧区とは異なっており，牧区と半農半牧区において農牧民所得の規定要因が異なることを意味している．この結果は，経済発展に伴い，食生活が豊かになり，牛肉や生乳の需要が増加していること，さらには政府が実施した「生態移民」政策や「退耕還林・還草」政策の影響など，複雑な要因が絡んでいると考える．そのため今後さらなる検討が必要であるが，「小売業・牧畜業労働力投入」が正の値を示していたことから，比較的都市部に近い地域において牛を飼養し，そうした地域で農牧民所得が高くなる傾向にあることが示唆された．

以上，半農半牧区の分析結果についてみてきた．大きな変化がみられたのは，耕種作物の生産構造において，とうもろこしの重要性が高くなっていたこと，家畜の飼養においては豚から牛へと，より経済性の高い家畜へと投入要素がシフトしていたことであり，それらが農牧民所得に影響を及ぼしていたことである．こ

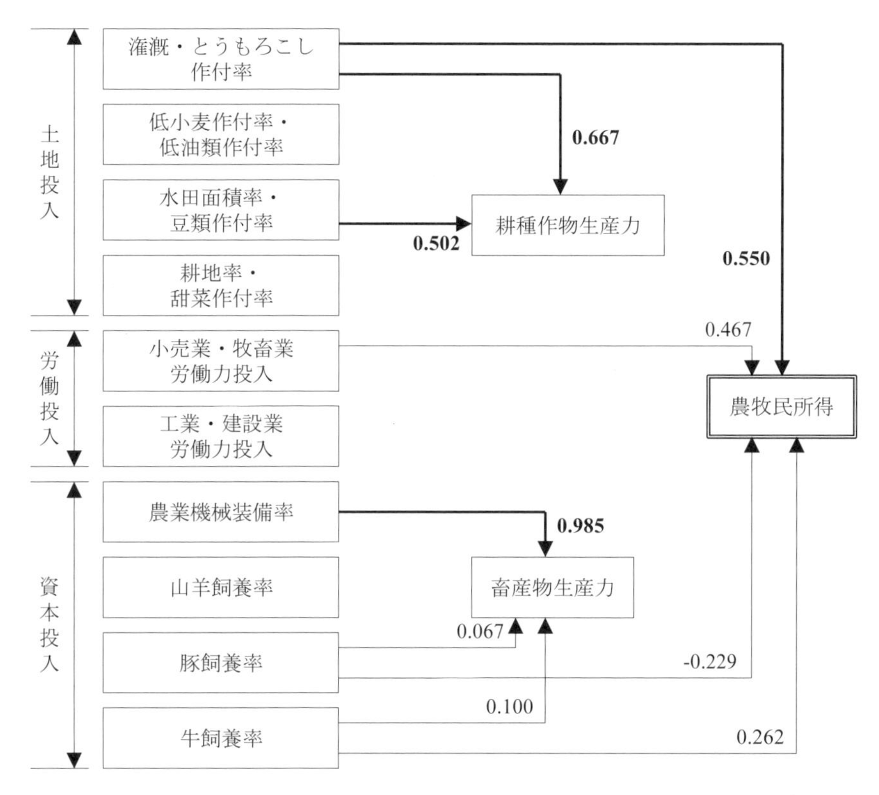

図4-4　半農半牧区におけるパスダイアグラム（2007年）
注1：農牧民所得に対する決定係数（R^2）は，0.645であった．R^2の変化は，灌漑・とうもろこし作付率からが0.295，小売業・牧畜業労働力投入が0.229，牛飼養率が0.071，豚飼養率が0.050であった．
注2：図中の太線の矢印は，パス係数が-0.5以下および0.5以上の強さで直接的な影響があることを示している．

の背景として，政府による農業産業化の推進や，国民の生活水準の向上などが考えられる．段ら（2003）は，ウランチャブ盟における2つの農村を調査し，「退耕還林・還草」政策以降，耕地の主要作物がとうもろこしに転換し，灌漑地においてもその生産量が増加していることを明らかにしている．韓ら（2008）や安ら（2008）においても，「禁牧・休牧」，「退耕還林・還草」政策により，半農半牧区では，飼料基盤が耕地へとシフトし，とうもろこしの自給飼料生産と結び付いた集約的な舎飼への変化がみられることが指摘されている．これらのことより，飼料用のとうもろこしの自給生産を行うことが可能な地域では，飼料購入による負担が少ないことや家畜の増頭などを行った結果として，農牧民所得が高くなる傾向にあったことが考えられた．

5. おわりに

以上，牧区および半農半牧区を対象に，2000年および2007年の農業生産構造の変化を明らかにするとともに，農牧民所得を規定している要因の解明を行ってきた．分析の結果をまとめると，以下の3点となる．

第一に，2000年から2007年にかけて，家畜の飼養形態に変化がみられた．2000年では複数の家畜が飼養されている生産構造であったが，2007年になると，単一の家畜飼養の形態へとシフトしていた．

第二に，半農半牧区において，経済性の高い穀物や家畜の生産が農牧民所得に大きな影響を与えていた．特に，農作物としては，とうもろこし生産へのシフトがみられ，家畜飼養に関しては，山羊や綿羊などの小家畜から肉用牛や乳用牛などの大家畜へとシフトしており，こうした変化は農牧民所得に影響を及ぼすものであった．

第三に，牧区において，2000年から2007年にかけて析出された主成分の数は同じにもかかわらず，説明変数から媒介変数へ及ぼす影響の数が増加したことやモデルの決定係数が大幅に減少したことから，農業生産構造がより複雑化していた．この結果は，「生態移民」政策や「退耕還林・還草」政策に関する補助金など，農業生産以外の要因の重要性を示唆する結果であった．

引用文献

安　宝権・張　暁航・今井　健（2009）:「中国内モンゴル自治区における耕畜複合経営の形成過程と課題」,『2009年度日本農業経済学会論文集』, pp.617-624.
杜　春玲・松下秀介（2010）:「中国内モンゴル自治区における農牧畜業地帯の特徴—経済地帯区分の視点から—」,『農業経営研究』, 48（1）, pp.101-107.
韓　柱・安部　淳・趙　紅（2008）:「農牧交錯地帯における地域資源の循環利用システム—中国内モンゴルの事例を中心に—」,『2008年度日本農業経済学会論文集』, pp.408-415.
今川俊明（1999）:「中国における事例研究－内モンゴル自治区奈曼旗の例－」, 財団法人地球・人間環境フォーラム編『平成10年度砂漠化防止対策推進支援調査業務報告書』, pp.83-87.
吉雅図・小野雅之（2009）:「中国・内モンゴルにおける草原保護政策下での牧羊経営の変化—シリンゴル草原地域を事例として—」,『農林業問題研究』, 45（2）, pp.212-217.
草野栄一・朝克図（2007）:「中国内蒙古自治区における草原環境保全政策と牧畜経営—オル

ドス市における禁牧農村の事例分析―」,『開発学研究』, 17（3）, pp.17-24.
国家統計局蒙古調査総隊編（2002）:『内蒙古自治区農村牧区社会経済統計年鑑 2001』, 中国統計出版社.
国家統計局蒙古調査総隊編（2009）:『内蒙古自治区農村牧区社会経済統計年鑑 2008』, 中国統計出版社.
内蒙古統計局編（2002）:『内蒙古統計年鑑 2001』, 中国統計出版社.
内蒙古統計局編（2009）:『内蒙古統計年鑑 2008』, 中国統計出版社.
内蒙古自治区地図制印編（2009）:『内蒙古自治区地図冊』, 中国地図出版社.
永田　靖・棟近雅彦（2001）:『多変量解析入門』, サイエンス社, pp.132-151.
鬼木俊次・根　鎖（2005）:「生態移民における移住の任意性―内モンゴル自治区オルドス市における牧畜民の事例から―」, 小長谷有紀・シンジルト・中尾正義編『中国の環境政策―生態移民―緑の大地, 内モンゴルの砂漠化を防げるか？』, 昭和堂, pp.198-217.
鬼木俊次・加賀爪優・余　勁・根　鎖（2007）:「中国の退耕還林政策が農家経済へ及ぼす影響―陝西省・内モンゴル自治区の事例―」,『農業経済研究』, 78（4）, pp.174-180.
呉　金虎（2004）:「中国内モンゴル自治区における農業生産力に関する要因分析―2000 年の旗レベルにおける横断分析―」,『龍谷大学経済学論集』, 44（2）, pp.1-19.
張　文勝・藤原貞雄・糸原義人（2005）:「内モンゴル牧戸の収益性構造と経営的特質―東部ホロンベール市と興安盟の事例―」,『農業経営研究』, 43（3）, pp.1-10.

第5章　牧畜地帯における酪農経営の実態と課題
—生態移民村2村を対象としたアンケート調査分析—

1. はじめに

中国内モンゴルでは，1960年頃から砂漠化が急速に進行した．食糧増産の必要から，漢民族が内モンゴルへの移住を始めたため，人口が爆発的に増加した．内モンゴルは，降水量が少なく農耕に適さないだけでなく，定住の放牧も困難な自然条件の地域である．伝統的な遊牧によって「過放牧」という破壊的な自然悪化を避けていたが，漢民族の入植による開墾・過放牧，家畜の私有化と市場経済の浸透など，さまざまな要因が重なり砂漠化が進行した（叶・祖 2008）．特に，生産責任制が導入された1983年以降,自給自足型の牧畜業から商品生産型の牧畜業へと移行するに従い，商品価値の低いウマやロバの飼養は減少し，商品価値の高い山羊や綿羊などの家畜が激増した（蘇徳斯琴 2005）[注1]．また，1990年代後半には黄砂や砂嵐の発生回数が増加し，周辺地域に多大なる被害をもたらした．こうした環境の悪化が特に深刻化しているのが内モンゴルをはじめとする中国の西部地域である．西部地域では，生態環境問題のみならず，共通した問題として貧困問題が共通した課題となっている[注2]．農牧民は所得獲得のために,農地の開墾,森林の伐採を行ってきた．その結果として，森林の減少，農地の砂漠化，土壌流出が進行するとともに,生態環境の悪化が食糧不足や水資源の問題を引き起こし,農牧民をさらなる貧困に陥れることとなった（杜 2005）．

生態環境の悪化に対する国民の懸念が強まり，中央政府，地方政府は，生態環境の再生を重視するようになった．その転機となったのが，中国政府が2000年より開始した「西部大開発」である．そのなかで，主要なプロジェクトとして「退耕還林・還草」政策の実施，またその政策を円滑に進めるために「生態移民」政策が時期を同じくして，並行して実施された[注3]．「生態移民」政策は，破壊された生態系の回復あるいは破壊を未然に防止するという目的のもとで，当該地域の住民に対し，従来の生業形態や生活様式を制限，改変，あるいは停止させ，そこで暮らしている人々を他の地域へ移住させることが基本的な骨子となっている（シンジルト 2005）．具体的には，都市近郊や環境条件の良い地域において生態移民村と呼ばれる居住地と畜舎が併設された村を建設し，環境が脆弱な地域で家畜飼養や放牧を行っていた農牧民を移民村に移住させ，経済性の高い乳牛を飼養させることで，貧困からの脱却が図られている．加えて，貧困と生態環境の保全とは密接に関連しているため，当該政策では，家畜の放牧を行っている農牧民を移住させることにより，それらの農牧民が所有している放牧地の環境を改善させることも狙いとして含まれている．

「生態移民」政策の実施に伴い，農牧民は生活様式の変更を強いられた．農牧民たちは，伝統的な生計様式を放棄し，市場経済のなかで競争力を持つように政府に推奨され，それにより，農地の開拓を行い，家畜の生産を加速させるために飼料生産を増加させてきた．つまり，生態移民農家は居住地の変更のみならず生産様式の変更も強いられ，粗放的飼養から集約的飼養へと生産様式を変更せざるをえなくなったのである．農牧民たちはこれまで，綿羊，山羊，あるいは在来牛などの家畜を草原で放牧するなど，粗放的な飼養を行って生計を立てていた．しかし，生態移民村に移住することで，これまで飼養したことのないホルスタイン種乳牛（以下，乳牛とする）を，放牧飼養ではなく畜舎の中で飼料を給与しながら飼養しなければならなくなった（鬼木ら 2010）．

こうした「生態移民」政策にともなう農牧民の生活・経営状況に関する研究は，農業経済学や文化人類学などの社会科学分野において事例研究が蓄積されている．

鬼木・根鎖（2005）は，内モンゴルオルドス市における21戸を対象とした生態移民調査により，強制的移住を強いられた農家は任意による移住の農家と比べ，所得の低下が大きいことを明らかにしている．また，双喜・鬼木（2005）は，内モンゴルのスニト右旗の生態移民農家30戸の調査結果より，農家の収入は，移民により大きく減少していること，また収入の内訳は生乳によるものではなく子牛販売などの副産物によるところが大きいことを指摘しており，「退耕還林」政策および「生態移民」政策の実施は，農家所得の増大や地域経済の発展に必ずしも良好な結果をもたらしているとはいい難いと述べている．

児玉（2005）は，放牧飼育から畜舎飼育への飼養形態の転換により，移民村に移民した農牧民の収入が低下すること，飼料作物や経済作物を栽培するための灌漑設備拡大のために地下水資源が枯渇することなど，「生態移民」政策実施がもたらした問題点および危険性を指摘している．

ガンバガナ（2006）は，内モンゴルの3つのガチャーの114世帯を対象に聞き取り調査をした結果，「生態移民」政策後，90%の家庭で所得が減少していること，また減少の幅は50-80%減少した家庭が70%にも及んでいることを明らかにしている.「生態移民」政策の実施により，移民たちの生活を形成する酪農生産において最も重要な牛乳の価格，販売ルートなどはそもそも行政側の保障のなかに含まれていたものが，結果的に経済的な利益を一方的に追及する企業側（乳業メーカー）に完全にコントロールされる状況となっている．移民たちは絶えず変化する市場に柔軟に対応する能力に欠けていたため，企業側と関係において極めて受動的な立場を強いらざるを得ない状況となっており，強制移住が生み出した経済メカニズムにおける「非」の部分を彼らだけが背負うことになったと指摘している．

達古拉（2007）は，貧困対策としての酪農生産に関して，内モンゴルスニト右旗の生態移民農家19戸を対象に聞き取り調査を実施している．調査の結果，牛乳の販売収入に比べ，購入飼料費の割合が高いため，経営が圧迫されている状態であり，貧困脱出どころか，更なる貧困を引き起こしていることを指摘している．

吉・小野（2009）は，収入を得るために，禁牧されている草地において，罰金を支払ってまで山羊や綿羊の過放牧を続ける農家が存在していることを明らかにしている．

鬼木ら（2010）は，2005年および2006年において，内モンゴル自治区内のチャハル143戸，スニト50戸，フフホト100戸の計293戸の酪農家を対象に，技術効率性の推計を行っている．分析の結果，生態移民村の技術効率性は，伝統的な酪農村に比べて低いことを明らかにしている．また，飼料や労働の投入量を同じになるようにコントロールしても搾乳牛一頭当たりの乳量が少ない問題を指摘しており，その理由として，伝統的な酪農村ではコニュニティーに技術の蓄積が多くあるが，生態移民村にはそのような技術の蓄積が少ないこと，粗飼料生産のための耕地が十分に確保されていないことを挙げている．

以上,「生態移民」政策に伴う農牧民の生活・経営状況に関する研究は，主に移民前後の所得水準の変化に着目した研究が行われてきた．そのなかで「生態移民」政策の開始当初に掲げられていた目標,特に貧困からの脱却という点に関しては,課題が山積しているといえる．また，先行研究においては,「生態移民」政策に対して移民村に移住してきた農牧民がどのような影響を受け，個別経営における生産性がどのように変化したのか，またその要因が何であるのか，の諸視点については必ずしも明らかにされていない．

そこで本章では，内モンゴルで「生態移民」政策が実施された移民村における酪農家を対象に実施したアンケート結果をもとに，移民した農家の実態を明らかにするとともに，移民前後の農家所得の変化状況，乳牛の飼養環境の変化およびそれらの変化に影響している飼養管理の諸要因を明らかにすることを目的とする.

2. 分析対象地域と分析方法

2-1. 分析対象地域の概要

内モンゴルでは12の盟・市のうち，5つの盟・市（包头市・兴安盟・锡林郭勒盟・乌兰察布市・阿拉善旗）において「生態移民」政策が実施されている．このうち，本章では，锡林郭勒盟（以下，シリンゴル盟）における2つの移民村（A村およびB村）を調査対象地域とした．それら2つの移民村の位置は図5-1に示すとおりである．シリンゴル盟は，内モンゴルにおいて最も早期に，また計画的に広範囲において「生態移民」政策が実施されてきた地域であり，天然牧草地に恵まれた牧畜主業地帯であるが，南部の旗では，半農半牧の生産形態もみられる[注4)].

A村が位置するシリンホト市は，シリンゴル盟の行政所在地である．調査地は，そのシリンホト市から北に60km離れた移民村であり，移民村は2004年に建設され，145戸の農牧民が移民してきた．これら移民農家はすべて都市部の最低生活保障の対象であった[注5)]．酪農生産による生計の維持が困難な農牧民は，移民から2～3年の間に，出稼ぎを主体とする経営への転換や元の村に帰郷するなど，酪農生産を中止している．2009年の調査時において，A村の農家戸数は50戸であったが，そのうち，実際に酪農生産を行っていたのは38戸であった．A村に移民してきた農牧民の多くは，移民前は遊牧を生業とするモンゴル族であった．

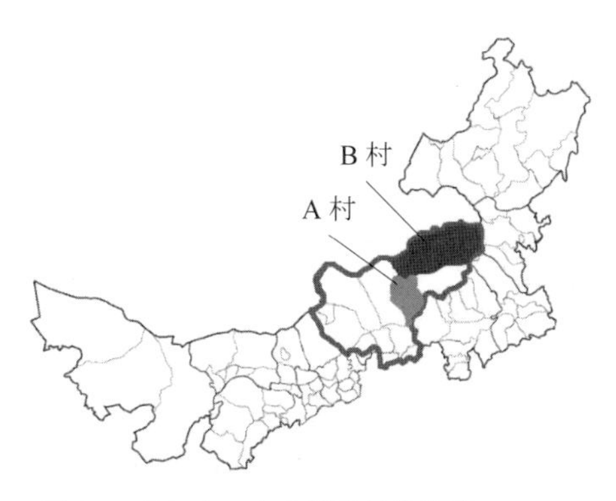

図5-1　アンケートの調査対象地域

次いでB村はシリンゴル盟の北東部にある東ウジムチンに位置している．シリンホト市から北東に240km離れた移民村であり，天然牧草に恵まれた牧畜主業地帯である．B村も2004年に建設され，80戸の住居を建設し移民農家を募集した．調査時点の農家戸数は77戸であった．B村もA村と同様に，移民してきた農牧民の多くは，モンゴル族の遊牧民であった．

図5-2は，移民村における酪農生産システムの流れを示したものである．酪農家は自身の畜舎で乳牛飼養を行い，搾乳を行う際には，移民村内に設置されている搾乳ステーションへ乳牛を移動させ，そこで搾乳を行う．搾乳後の生乳は直ちに乳質検査が行われ，蛋白質や細菌数などが検査される．乳質基準をクリアした生乳は取引先である乳業メーカーに販売される．乳業メーカーは集荷した生乳量および乳質基準を基に乳価を決定し，その金額が酪農家に支払われる．また，飼料に関しては，移民村内の所有地において，とうもろこしなどの飼料生産が行われている．それ以外の飼料に関しては，移民村外部より配合飼料や粗飼料などを購入している．購入方法としては，個人で取引相手を探し，飼料を購入する．飼料を購入するときは，現金での支払いが基本となっている．そのため，現金を所有していない農家は飼料の購入が不可能となる．このことは，乳牛への適切な飼料給与を行うことができないことを意味しており，乳牛の乳量および乳質に多大

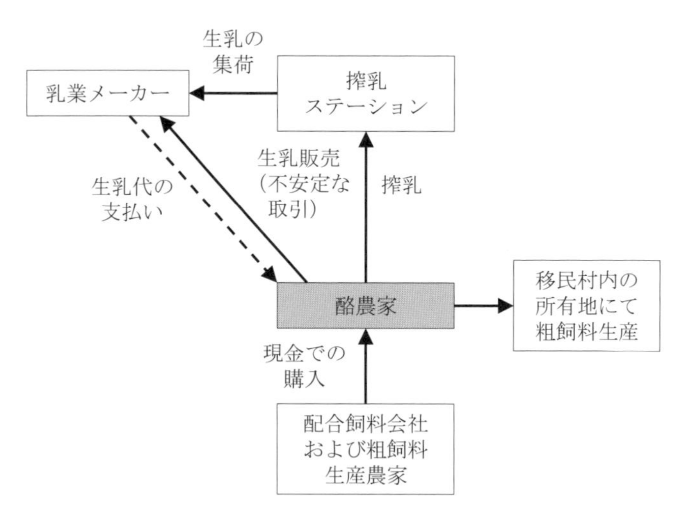

図5-2　酪農生産システムの流れ
資料：聞き取り調査より筆者作成.

な影響を及ぼすこととなる．

また，農牧民は移民村に移住するにあたって，山羊，綿羊，在来牛など多くの家畜を売却し移民村に移住してきた．移民村では，ホルスタイン種の乳牛飼養が推奨されていたため，移民前にこれまでの家畜を売却する必要があった．農牧民にとっては，半ば強制的な家畜の売却であるといえる．1頭当たりの在来牛の販売価格は，子牛で400元前後，雄牛で1,000元前後，雌牛で3,000元前後が一般的な取引価格であった．なかには，移民村への移民を理由に買い叩かれた農牧民もいた．在来牛の販売頭数は，1頭から45頭まで様々であった．綿羊の場合は120元/頭から800元/頭で，最も少ない農牧民で15頭，最も多い農牧民で527頭を販売した．山羊の場合，販売額60元/頭から300元/頭であり，販売頭数は，10頭から200頭までであった．綿羊および山羊の販売額にばらつきがみられるのは，内モンゴルでは家畜の販売価格は，家畜個体の体重により取引価格が決定されるためである．

また農牧民（以下，農家とする）は移住するにあたり，ホルスタイン種の乳牛を政府から購入しなければならなかった．A村では，オーストラリアおよびニュージーランドから輸入された乳牛を農家は購入した．購入頭数は最も少ない農家で2頭，最も多い農家で6頭であった．乳牛の購入金額は，オーストラリア産およびニュージーランド産ともに1頭当たり18,000元であった．購入に際して，1頭当たり10,000元が政府から補助された．また，金融機関から1頭当たり5,000元の融資を受けることも可能であった．金融機関からの融資を受けることができた場合，乳牛を購入する初期費用は3,000元となる．他方，B村では，オーストラリアから輸入された乳牛を農家は購入した．購入頭数は2頭から3頭であり，購入金額は1頭当たり15,000元であった．政府からの補助金は3頭購入した場合，10,000元，2頭の場合は，1頭当たり3,000元であった．なお，B村の場合，金融機関からの融資はなかった．

2-2. アンケート調査の内訳

本章で用いたデータは，2009年8月に，A村およびB村を対象に行った経営意識・意向調査の結果である[注6)]．訪問調査により，A村では61戸，B村では39戸の計100戸から回答を得た．分析には，肥育経営に転換した農家1戸および平均乳量が不明であった農家1戸を除いた98戸のデータを用いた．表5-1は，本章で用いたアンケート項目とその内訳を示したものである．

分析の対象項目として用いた生態移民後の乳量変化に関しては,「増加もしくは平均以上の乳量で変化なし」であった農家は63.3%,「減少もしくは平均以下の乳量で変化なし」であった農家は36.7%であった.また,所得変化に関しては,57.1%が生態移民後より減少していることが明らかとなった．この結果は，調査地域における「生態移民」政策の実施結果は,貧困削減を掲げる政府の意図とは異なり,農家の経済的環境が移民前よりにさらに厳しい状況に陥ったことを示すものである．さらに，家畜の飼養管理に関する問題点としては,「(c) 飼料確保が困難」と感じている農家が最も高く（53.1%），次いで,「(e) 乳量が少ない」が高かった（48.0%）．逆に最も問題意識が低かったのは「(g) 受胎率」（26.5%）であった．また,今後の経営計画に関しては,「(ｖ) 現状維持」の農家が37.8%と最も高く,次いで「(ⅳ) 元の村への帰郷」が21.4%,「(ⅱ) 乳製品の拡大」が20.4%で高かった．一方で「(ⅲ) 出稼ぎ」を希望する農家が最も低かった（7.1%）.

次いで,要因として用いた項目では,酪農生産のみを行っていた農家が85.7%,酪農生産以外に出稼ぎも行っている農家が 14.3%であった．飼養頭数は最小で 1 頭，最大で 28 頭であり，41.8%が 2 頭以下の少頭数飼養の農家であった．また,1 日当たりの平均乳量は最小で 20 斤/頭，最大で 60 斤/頭であり，30 斤/頭未満の農家は 21.4%であった[注7]．搾乳期間に関しては，7～9 ヶ月未満の農家が最も多く 48.0%であった．その一方で 7 ヶ月未満と搾乳期間が非常に短い経営も 15.3%存在していた．飼養管理に関する情報の入手（以下，情報入手力）に関しては，欲しい情報の入手が可能な農家は 56.1%，情報の入手が困難な農家が 43.9%であった[注8].移民前の乳牛の飼養経験[注9]に関しては,飼養経験があった農家は48.0%であり，52.0%は乳牛の飼養経験がない農家であった．飼料の給与方法に関しては，移民時に地域の普及員より指導された飼養管理マニュアルに従った飼料給与を行っている農家が 53.1%，そうしたマニュアルに従わずに自己流で飼料給与を行っている農家が 46.9%であった.

2-3. 分析方法

本章では，生態移民直後からの乳量および所得の変化，飼養管理における問題意識，さらに今後の経営計画を取り上げ，規定要因として個別経営の飼養管理状況を取り上げ，それらの関係を明らかにすることを課題とした.

表 5-1 に示すように従属変数は，生態移民後の乳量変化（増加もしくは平均以上の乳量で変化なし，減少もしくは平均以下の乳量で変化なし）および所得変化

表 5-1　アンケート回答者の内訳

分析対象項目			
(a) 乳量変化 [1]	増加もしくは平均以上の乳量で変化なし（=1）	62	(63.3)
	減少もしくは平均以下の乳量で変化なし（=0）	36	(36.7)
(b) 所得変化	増加もしくは現状維持（=1）	42	(42.9)
	減少（=0）	56	(57.1)
家畜の飼養管理に関する問題点			
(c) 飼料確保が困難	思う（=1）	52	(53.1)
	思わない（=0）	46	(46.9)
(d) 乳牛の疾病が多い	思う	43	(43.9)
	思わない	55	(56.1)
(e) 乳量が少ない	思う	47	(48.0)
	思わない	51	(52.0)
(f) 市場出荷が困難	思う	31	(31.6)
	思わない	67	(68.4)
(g) 受胎率が悪い	思う	26	(26.5)
	思わない	72	(73.5)
今後の経営計画			
(ⅰ) 生乳量の増加		13	(13.3)
(ⅱ) 乳製品生産の拡大		20	(20.4)
(ⅲ) 出稼ぎ		7	(7.1)
(ⅳ) 元の村への帰郷		21	(21.4)
(ⅴ) 現状維持		37	(37.8)
要因として用いた項目			
①経営形態	専業（=0）	84	(85.7)
	出稼ぎ（=1）	14	(14.3)
②搾乳牛頭数 [2]	2 頭以下	41	(41.8)
	3～5 頭	43	(43.9)
	6 頭以上	14	(14.3)
③平均乳量 [2]	30 斤未満	21	(21.4)
	30～35 斤未満	32	(32.7)
	35 斤以上	45	(45.9)
④搾乳期間 [2]	7 ヶ月未満	15	(15.3)
	7～9 ヶ月未満	47	(48.0)
	9 ヶ月以上	36	(36.7)
⑤移民前の乳牛飼養経験	あり（=1）	47	(48.0)
	なし（=0）	51	(52.0)
⑥情報入手力 [3]	欲しい情報の入手が可能（=1）	55	(56.1)
	欲しい情報の入手が困難（=0）	43	(43.9)
⑦飼料給与方法	飼養管理マニュアル中心（=1）	52	(53.1)
	自己流（=0）	46	(46.9)

資料：アンケート調査より筆者作成.

注：1）調査農家の平均乳量は 32.5 斤であった.

2）分析の時は，連続変量として用いた.

3）飼養管理に関する情報がどこにあるか分かり，5 割以上入手可能と回答したものを「欲しい情報の入手が可能」とし，それ以下の回答のものを「欲しい情報の入手が困難」と分類した.

（増加もしくは現状維持，減少），飼養管理に関する問題点の意識（5 項目），今後の経営計画（5 項目）[注10] であり，それぞれの値はダミー変数となっている．説明変数として，個別農家の属性および飼養管理行動に関する変数を取り上げ，ロジスティク回帰分析を行い[注11]，従属変数との関係を解析した．なお，分析には SPSS18.0 を用いた．

3. 分析結果と考察

3-1. 生態移民後の乳量および所得の変化

表 5-2 は,「生態移民」政策による移民直後からの乳量および所得変化に関する規定要因の推計結果を示したものである．まず,「(a) 乳量変化」の結果について見ると,「④搾乳期間」および「⑤乳牛の飼養経験」は正の係数を示し,「①搾乳牛頭数」の係数は負で，それぞれ有意であった．

「④搾乳期間」に関しては，相対的に長期間の搾乳が可能な農家ほど，乳量が高い傾向にあることを示していた．調査農家のなかでは，搾乳期間の頻度が最も高かったのは 9 カ月であった．その一方，15.3%（15 戸）の農家で搾乳期間は 7 か月未満であった. 一般的に, 適切な管理を行っており搾乳牛が健康である場合，乳量は高い水準で推移し，搾乳期間は長期化する傾向にある．そのため，搾乳期間の短い農家では，疾病など健康面での問題を抱えていることが考えられた．ま

表 5-2　生態移民後の乳量および所得の変化

	(a) 乳量変化		(b) 所得変化	
	係数	標準誤差	係数	標準誤差
①経営形態	-0.549	0.636	0.121	0.814
②搾乳牛頭数	-0.209*	0.110	-0.048	0.147
③平均乳量	—	—	0.086**	0.034
④搾乳期間	0.492**	0.220	0.147	0.258
⑤乳牛の飼養経験	0.958**	0.475	0.395	0.580
⑥情報入手力	0.699	0.481	2.619***	0.636
⑦飼料給与方法	-0.497	0.499	1.993***	0.620
⑧定数	-3.061*	1.657	-7.115***	2.174
Log Likelihood	112.39		85.92	
McFadden R^2	0.212		0.519	

資料：表 5-1 と同じ.
注：***は 1%，**は 5%で統計的に有意であることを示している.

たそうした問題以外に，聞き取り調査や自由記述より以下のような回答がみられた．それらは，「飼料価格が高騰していたため，飼料が購入できない．」，「販売乳価との関係より，飼料を給与し搾乳するとかえって経営負担が増大する．」というものであった．そのため，こうした経営では，意図的に搾乳制限をかけている事実が明らかになったとともに，飼養管理における重要な指摘であることが示唆された．

次いで，「⑤乳牛の飼養経験」に関しては，移民前に乳牛の飼養経験のある農家ほど，移民後の乳量は高い水準にあることが明らかとなった．この結果は，農家にとって未経験の家畜を飼養することの難しさを物語っているといえる．乳量の減少もしくは低水準で推移している理由として，移民前に乳牛の飼養経験のない農家では，初産の時は十分な乳量を出していたが，2 産目以降，急激に乳量が減少したことを，自由記述で挙げていた．分娩時における栄養管理技術が不足し，乳牛の栄養状態が悪い場合，その後の乳量の低下に大きな影響をもたらすこととなる．これらのことより，移民前に乳牛を飼養していたことのない農家にとって，これまでの家畜とは異なる乳牛を飼養するには技術が不足していたため，乳量が減少したといえる．

他方，「②搾乳牛頭数」に関しては，搾乳牛の飼養頭数が多い農家ほど，移民後に乳量の低下がみられたことが明らかとなった．この結果は，移民以降，乳牛の飼養頭数の拡大を図っている農家であると考えられるが，その飼養頭数に見合う農家の飼養管理技術が不足しているために生じた結果であるといえる．

次いで，「(b) 所得変化」の結果を以下に示す．「③平均乳量」の係数は正で有意であった．調査対象の移民村では，乳業メーカーが定めた乳価で取引が行われている．こうした平均乳量の高い農家は，個体の成長ステージに合わせた飼養管理を行っていること，効率的な飼料給与を行っていることなど，適切な飼養管理を行っていることが結果に結びついたものと考える．

「⑥情報入手力」に関しては，正の係数で有意であった．情報入手に関しては，後述するように飼養管理における問題意識の規定要因ともなっていることから重要な指標であることが示唆された．情報入手能力に長けた農家は，乳牛の飼養段階において農家自身が欲しい情報を把握しており，乳牛の成長に合わせた飼養管理が可能であると考える．こうした農家は，飼養管理に関する問題点を認識しているとともに，その問題を解決するためには，何をすれば良いのか，誰に聞けば良いのか，どこに情報があるのかを把握している農家であると考える．すなわち，人的・社会的なネットワークを構築している農家であるといえる．

「⑦飼料給与方法」の係数は正であった．このことより，飼料管理マニュアルを利活用している農家は，移民後の所得の減少はみられない傾向にあることが明らかとなった．その一方で，自己流で飼料給与を行っている農家では，所得が減少していることが考えられた．このことは，飼料管理マニュアルの有用性を示す結果であるといえる．

3-2．飼養管理における問題点

次に，農家が飼養管理において問題と感じている点に関する分析結果について考察する（表5-3）．まず，「(c) 飼料確保が困難」に関しては，「②搾乳期間」および「⑦飼料給与方法」の係数が正であり有意であった．搾乳期間が長期化すればそれに伴う飼料の確保が必要となる．また，飼養管理マニュアルに従った飼料給与を行っていれば，飼養管理のロスが低減され，一定程度以上の乳量確保が可能になることが考えられる．搾乳中の乳牛は乾乳中の乳牛に比べ，泌乳に要するエネルギーが必要であり，その分多くの飼料給与が必要となる．そのため，飼料確保に対する問題意識が高まっていることが考えられた．また聞き取り調査の結果より，農家では給与する飼料が不足した場合，意図的に搾乳を中止する農家がみられた．特に，泌乳期間が7ヶ月以降の泌乳後期の搾乳牛において搾乳を中止していた．その理由として，泌乳後期では搾乳量が低水準であること，またそう

表5-3　飼養管理における問題点

	(c) 飼料確保が困難		(d) 乳牛の疾病が多い	
	係数	標準誤差	係数	標準誤差
①経営形態	-0.784	0.699	1.518**	0.752
②搾乳牛頭数	-0.712	0.119	0.034	0.121
③平均乳量	0.027	0.030	-0.031	0.031
④搾乳期間	0.595**	0.245	-0.158	0.230
⑤乳牛の飼養経験	-0.008	0.492	0.852	0.521
⑥情報入手力	0.614	0.496	-1.796***	0.535
⑦飼料給与方法	1.112**	0.483	-1.255**	0.505
⑧定数	-5.674***	1.929	2.875	1.842
Log Likelihood	109.90		106.45	
McFadden R^2	0.307		0.332	

資料：表5-1と同じ．

注：***は1%，**は5%，*は10%で統計的に有意であることを示している．

した搾乳量の販売価格に対する購入飼料の価格が高額であるため，採算が取れないことが主な理由であった．

「(d) 乳牛の疾病が多い」に関しては，「①経営形態」において正の係数で有意であった．出稼ぎに行っている農家では乳牛の疾病が多く，そのことを問題として認識していた．出稼ぎによる人手不足により細かなところまで飼養管理が行きわたらなかった結果，疾病が生じていることが考えられた．出稼ぎにより副業収入を得ていた 14 戸では，長男や次男などの息子たちが出稼ぎに行っていた．業種は建築関係が多く，都市部でのマンション建設に携わる仕事が多かった．聞き取り調査の回答では，出稼ぎの職をみつけることが困難であるとの意見がみられた．その理由として，モンゴル族の場合，中国語が話せないと職を得るのが難しいとのことであった．また，高齢になるほど仕事を断られるケースが多い．そのため，移民村で出稼ぎに行くことができるのは，中国語が話せる若者に限られていた．出稼ぎによる就業機会の獲得に関して，移民村の幹部や政府の役人は，出稼ぎに関する情報を提供してくれるわけではなかった．そのため，出稼ぎを希望する農家が自ら知人や友人を頼って情報を収集する以外に方法はない状況である．こうした就業の問題に関して，鬼木・根鎖（2006）もモンゴル族のなかで漢語が不自由な場合，相対的に就業機会が少なくなることを指摘している．実際の聞き取り調査の結果からも，中年・老年層において，労働市場では不利な立場におかれているため，そうした層において乳牛飼養による収入を失った場合，現状よりもさ

(e) 乳量が少ない		(f) 市場出荷が困難		(g) 受胎率が悪い	
係数	標準誤差	係数	標準誤差	係数	標準誤差
0.463	0.776	-0.107	0.700	-0.490	0.827
0.124	0.130	-0.010	0.122	0.084	0.126
-0.064*	0.034	0.010	0.031	-0.027	0.034
-0.794***	0.297	-0.509**	0.240	-0.304	0.025
0.818	0.584	1.411***	0.516	0.793	0.541
-1.139**	0.568	0.716	0.504	-1.427***	0.550
-1.964***	0.539	0.007	0.514	-1.032*	0.546
9.047***	2.397	1.741	1.787	2.773	1.993
91.75		106.22		96.37	
0.482		0.212		0.233	

らに経済的に追い詰められることが予想できる．さらに，こうした状況が長期間に及ぶ場合，農家間の所得格差は現状よりも拡大する事態となることも考えられる．次いで，「⑥情報入手力」の係数は負で有意であった．このことは，飼養管理に関する情報を入手することが困難な農家ほど疾病についての情報や知識が不足しており，様々な問題への対処方法が分からないため，問題が発生していることが影響したと考える．「⑦飼料給与方法」に関しては，飼料管理マニュアルを活用せず，自己流で飼料給与を行っている農家ほど，疾病の発生が多いことを示す結果であるといえる．

こうした「(c) 飼料確保が困難」および「(d) 乳牛の疾病が多い」の結果は，「(e) 乳量が少ない」とも関連しており，有意性がみられた項目はすべて負の値を示していた．先の結果でもみられたが，自己流で飼料給与を行っている農家において，相対的に飼養管理における問題発生の割合が高くなっているといえる．そのため，こうした農家への技術指導を行うことは喫緊の課題であると考えられる．

次いで，「(f) 市場出荷が困難」をみてみると，「④搾乳期間」において係数が負で有意であった．この結果より，搾乳期間が短い農家ほど市場出荷が困難であり，それに対する問題意識が高いことが示された．搾乳期間が短いということは，乾乳期間が長いことを意味しており，農家経営全体での搾乳量の相対的に低水準であることが考えられる．先に述べた飼料確保の問題とともに，問題を認識している農家に対して，市場へのアクセスが可能となる対策を講じる必要があるといえる．また，「⑤乳牛の飼養経験」は係数が正であり有意であった．このことは，移民前に乳牛を飼養していた農家ほど市場出荷に問題意識を持っていることを示している．調査地域での移民農家の多くはモンゴル族であったため，移民以前にチーズやヨーグルトなどの乳製品を製造し，自家消費に加え，乳製品の販売を行っていたことが考えられる．しかし，移民村に移住したことにより，乳業メーカーとの生乳販売の契約や新たな乳製品などの販売先を探さなければならなくなったことが負担意識となっていることが結果に結びついたと考えられる．

最後に，「(g) 受胎率が悪い」に関しては，「⑥情報入手力」の係数は負で有意であった．この結果は先の「(d) 乳牛の疾病が多い」と同様に情報量の不足により，分娩前後の飼養管理や発情の見落としなどの飼養管理技術の不足が受胎率の低下に作用したと考える．また「⑦飼料給与方法」の係数は負で有意であった．この結果は，自己流で飼料給与を行っている農家では，分娩後の栄養管理に問題があり，乳牛自体が栄養不足である可能性があり，そうした飼料給与技術の不足が受胎率の低下に影響した結果であると示唆された．

3-3. 今後の経営計画

以下では，今後の経営計画を従属変数とし，農家の属性を説明変数とした多項ロジット・モデルを用いて，それらの関係性を明らかにする．5 つの経営計画に関する回答のうち，基準カテゴリーとして「現状維持（P_5）」をとり，その他の選択回答をとる確率との比でモデルを構築する（エコーら 2000）．多項ロジット・モデルは以下の 4 つの式からなる．

$$\ln(P_1/P_5) = \beta 1_0 + \beta 1_1 x1_i + \cdots + \beta 1_7 x1_i \qquad (1)$$
$$\ln(P_2/P_5) = \beta 2_0 + \beta 2_1 x1_i + \cdots + \beta 2_7 x1_i \qquad (2)$$
$$\ln(P_3/P_5) = \beta 3_0 + \beta 3_1 x1_i + \cdots + \beta 3_7 x1_i \qquad (3)$$
$$\ln(P_4/P_5) = \beta 4_0 + \beta 4_1 x1_i + \cdots + \beta 4_7 x1_i \qquad (4)$$

ここで，P_1 は生乳量の増加を選択する確率，P_2 は乳製品生産の拡大を選択する確率，P_3 は出稼ぎを選択する確率，P_4 は元の村への帰郷を選択する確率，P_5 は現状維持を選択する確率をそれぞれ示している．ln（P_1/P_5）は，「生乳量の増加」を選択する確率と「現状維持」を選択する確率の対数値（ロジット）であり，この比率と農家の属性および飼養管理行動との関係性を検討する．P_2 以下のロジットに関しても解釈は同様である．説明変数は，これまでの分析と同様に表 5-1 に示す 7 変数を用いた．

分析結果は，表 5-4 に示すとおりである．「生乳量の増加（P_1）」および「出稼ぎ（P_3）」に関しては，10%水準で統計的に有意な変数は見られなかった．10%水準で有意差が見られた変数は，「乳製品生産の拡大（P_2）」および「元の村への帰郷（P_4）」であった．乳製品生産の拡大では，「⑥情報入手力」が負の値となっており，1%水準で統計的に有意であった．この結果より，飼養管理に関する情報入手能力の低い農家ほど，乳製品の生産に力を入れたい意向を持っていることが明らかとなった．すなわち，こうした農家は先の結果も合わせて考えると，乳量が低いことを問題視している農家であることが考えられ，少ない乳量を利用し，より経済性の高い乳製品を生産することによって所得を獲得しようという意向が結果に結びついたと考える．

表5-4　今後の経営計画

	(i) 生乳量の増加		(ii) 乳製品生産	
	係数	標準誤差	係数	標準誤差
①経営形態	0.283	1.214	0.196	0.946
②搾乳牛頭数	-0.124	0.191	-0.188	0.178
③平均乳量	0.052	0.043	0.004	0.045
④搾乳期間	-0.408	0.337	-0.505	0.339
⑤乳牛の飼養経験	-0.721	0.711	-0.214	0.687
⑥情報入手力	-0.427	0.700	-0.354***	1.106
⑦飼料給与方法	-0.843	0.738	-0.869	0.754
⑧定数	1.595	3.099	5.204	2.948
Log Likelihood				
McFadden R^2				

資料：表5-1と同じ.
注：***は1%，**は5%，*は10%で統計的に有意であることを示している.

「元の村への帰郷（P_4）」に関しては，「⑤乳牛の飼養経験」および「⑥情報入手力」の2変数がともに負の値で有意性が認められた．これらの結果は，移民以前に乳牛の飼養経験のない農家および乳牛の飼養管理に関する情報入手能力の低い農家ほど，帰郷意識が高いことを示している．こうした農家は，乳牛の飼養経験がなく，移民後に思うように生産を行うことができなかった農家であると考える．また，何らかの問題が生じたときに，解決方法が分からず対処できなかった農家であると考える．この点に関しては，禁止されているにもかかわらず，移民前に飼っていた山羊や綿羊を再び飼養する農家がみられることが指摘されていることからも（吉・小野 2009），飼い慣れた移民前の家畜飼養を可能とするなど経営継続のための支援を図っていくことが不可欠であると考える．

4.「生態移民」政策の課題

「生態移民」政策を今後も継続的に実施していくためには，移民後の所得が低水準もしくは減少している農家への支援が喫緊の課題であると考える．分析の結果より，飼養管理に関する情報の提供および飼料給与方法などに関する飼養管理技術に関する普及が必要であるといえる．また，そうした支援は漢民族だけでなく，少数民族においても情報および普及内容が共有できる形で支援策を講じてい

(iii) 出稼ぎ		(iv) 元の村への帰郷	
係数	標準誤差	係数	標準誤差
0.190	1.276	-0.402	0.814
-0.247	0.285	-0.079	0.142
-0.031	0.060	-0.007	0.038
-0.654	0.426	-0.087	0.304
-0.334	0.924	-1.096*	0.607
-1.431	0.950	-1.045*	0.603
-0.785	0.961	0.059	0.637
6.285	3.847	2.027	2.627
175.39			
0.381			

く必要がある．飼養管理技術を習得し，平均水準以上の搾乳量を確保することが可能となれば，次に考えられる方策は，経営内での搾乳牛頭数の増頭を行うことである．以下では，これまで取り上げた飼養管理技術に関する諸問題以外に重要な課題と考えられる搾乳牛の増頭方策について言及することとする[注12]．

搾乳牛の導入に関しては，経営外の酪農家や家畜商から乳牛を購入する方法と経営内で生まれた雌子牛を後継牛として自家育成していく方法がある．前者の場合，農家の資金のみで搾乳牛を購入するのは困難な状況であり，金融機関からの融資に頼らざるをえない状況となる．現状としては経営外から搾乳牛を購入するには資金に余裕のある農家に限られる．他方，後者の自家育成の場合，生まれた子牛が雄であった時に問題が発生する．酪農生産において最も大きな問題は，後継牛の確保ができないことであり，その影響は小規模の経営ほど大きなものとなる．また，雄子牛は分娩直後に売却されるが，販売価格は極めて低い．雄子牛は，分娩直後に初乳を飲まされることなく，製薬会社に販売される．販売価格は体重により上下するが1頭当たり300元前後であり，主に血清向けとして利用される．雄子牛を肉用として育成・肥育する農家は，コスト面，技術面など様々な問題があるため，調査農家のなかでは雄子牛を飼養している農家は存在しなかった．

また，搾乳牛が確保されないことは，生乳出荷量の増加が見込めないことを意味しており，付随する問題として生乳の販売取引の問題が存在する．移民村全体として一定量以上の搾乳量が確保できない場合，搾乳ステーションを管理している乳業メーカーは，生乳の買い取りを中止することが予想される[注13]．そのため，移民村を維持していくためには，個別農家のみならず，移民村全体として一定数以上の搾乳牛を確保する必要がある．そうした方策の一つとして，雌雄産み分け技術の導入による後継牛の確保が考えられる．中国の大手の乳業メーカーでは，すでに導入されているところも存在する（矢坂 2008）．一定程度以上の搾乳牛を確保できる状況となるまでは，こうした性判別技術により雌牛を確保することも重要な支援策になると考える．

さらに今後，飼養頭数を維持または拡大していくためには，持続的に良質な飼料を確保することが重要となってくる．分析の結果でも示したように，飼料確保が困難な状況であることが問題視されていた．こうした問題を解消するために，とうもろこしなどの飼料作物の効率的な利用，栽培などを含めた畜舎飼養のための畑作方式を移民村内で確立させることが肝要であると考える．すなわち，現在は，移民村外部の業者や農家から飼料を購入しているが，今後は，移民村内でそうした飼料の栽培が可能となる圃場を開墾することが重要となってくる．また，経営外から購入した乾草やサイレージの品質に格差がみられることや，農家自身の飼料利用技術が低いために，飼料の廃棄なども問題となってくる．そのため，効率的な貯蔵・利用技術の確立，またそれらの普及を行っていくことが必要であると考える．

5. おわりに

以上，本章では内モンゴルにおいて「生態移民」政策の実施により，移民村に移入してきた農家を対象に，生態移民直後からの乳量および所得の変化，飼養管理における問題意識，今後の経営計画を分析対象項目とし，それらを規定している要因として，農家の個別属性や飼養管理行動に関する項目を取り挙げ，規定要因の解明を行った．分析の結果，本章で明らかとなった点をまとめると以下の 3 点となる．

第一に，生態移民後，乳量を増加させている，もしく平均以上の水準を保っている農家の特徴として，移民前の乳牛飼養の経験が影響していることが明らかとなった．本章の結果，農家所得は移民前に比べ，増加もしくは同水準での推移している農家がいる一方で，減少している農家もみられた．特に，乳牛の飼養管理技術の有無が，農家間の所得格差を拡大させており，経営意識にも差が生じる結果となっていた．今後，乳牛飼養の競争から脱落し，乳牛飼養以外の部門で生計の在り方を考える農家が現れる可能性もあり，移民後に農家所得が減少している農家に対し，早急な対応策を検討していくことが必要であるといえる．

第二に，飼養管理に関する情報入手能力の差異が乳量変化および所得変化の規定要因となっていることが明らかとなった．また，情報入手が困難な農家では，家畜の疾病や受胎率などが飼養管理の問題となっていることが明らかとなった．こうした農家は，酪農経営を継続的に行っていくことが困難な状況であるとともに，元の村への帰郷意識も持ち合わせていることが明らかとなった．このことより，こうした情報収集能力が不足している農家への支援体制を強化していくことが課題であると考える．

第三に，飼料給与を自己流で行っている農家は，家畜個体における問題，すなわち，疾病や低乳量，低受胎率などの問題を抱えていることが明らかとなった．今後の対応策としては，自己流で飼料給与を行っている農家が飼養管理マニュアルを利用しない要因を明らかにするとともに，飼料管理・給与に関する講習会の開催や直接指導を行っていくことが必要であると考える．

注 1）双喜（2003）は，内モンゴルにおける砂漠化の要因の一つとして，山羊の飼養頭数の増大により飼養家畜の構成が大きく変化したことが，草地の劣化を促進させたと述べている．

注 2）「中国農村貧困監測報告 2008」より，貧困との関係をみてみると，中国の特別貧困基準は2007年の時点で年間の農牧民純収入が693元以下となっている．この基準は最低限の栄養基準などを参考に定められている．中国における貧困人口は，2000 年は，3,209 万人であったが，2007 年には，1,479 万人にまで激減している．その分布をみてみると，東部地区は 54 万人，中部地区は 372 万人，西部地区は 989 万人，東北地区は 64 万人と，西部地区に極めて多くの貧困層が存在している．

西部地区では，荒地・砂漠化地域，寒冷地域など条件不利地域が多い．また，住居が様々な地域に分散しているため，現地で貧困を解決しようとすると，コストがあまりにも高くつくことになる．こうした地域の生態系環境は脆弱であり，農民一人が占めることのできる資源には限界がある（北川 2005）．

注3）中国で「生態移民」政策が最初に行われたのは，1980年代のことであった．1982年に政府は，内モンゴルの南に位置している寧夏回族自治区を「特困地区（特別貧困地区）」に指定し，その地域の住民を国家の主導により他地域へ移住させた．寧夏で採用されたこの方策は，1986年以降，他の「特困地区」でも導入されるようになった（シンシルト 2005）．

注4）2000年から中国全国の農耕，半農半牧地域で「退耕還林・還草」政策が公式に展開され，2003年から牧畜地域で「退牧還草」政策が全面的に施行されている．それに伴い，シリンゴル盟では「囲封転移戦略」を打ち出した．「囲封転移戦略」は，「囲封禁牧，収縮転移，集約経営」であり，それらは，①牧草地には禁牧，春季休牧，区画輪牧などの対策を適用し，耕地には退耕還林・還草を実施する．②農村人口を削減し，地方の中心町の第二，第三次産業に転換させる．③放牧地の利用方式を過放牧から効率的な利用に，家畜の飼育方法を自然放牧から畜舎飼育，あるいは半畜舎飼育へとシフトさせ，大規模な耕作から集約型の耕作に移転させ，農業生産の経営方式と産業構造の改善を図ることなどを目的とした戦略である．「囲封転移戦略」は，生態効果を優先し，同時に経済効果と社会効果をあげることが狙いとしてあり，このような動きの中で生態移民が出現し，大きな社会問題を引き起こしている（スエー 2005）．

注5）移民に際して，政府は農牧民一人当たり5,000元の補助金を支給した．また，1戸当たりの住居に関する補助金として10,000元を支給した．

注6）経営概況については2008年度を対象とし，移民前の経営概況については，個別経営ごとに移民前の年度を対象とした．

注7）1斤は約0.5kgである．

注8）飼養管理に関する情報がどこにあるか分かり，5割以上入手可能と回答したものを「欲しい情報の入手が可能」とし，それ以下の回答のものを「欲しい情報の入手が困難」と分類した．

注9）ここでの乳牛は，ホルスタイン種以外に在来の乳牛も含む意味としている．すなわち，移民以前に，搾乳牛の飼養経験の有無を問うたものである．

注10）今後の経営計画に関しては，表5-1に示す5つの項目より1つの項目を選択してもらった．

注11）ロジスティック回帰分析は，ロジット・モデルとも呼ばれ，従属変数が2値あるいは多値の質的変数の場合に用いられる回帰分析の1つである（内

田 2011).

注12) 酪農生産では，規模の経済性が働くため，いかに搾乳牛の頭数を確保するかが重要である.

注13) 搾乳ステーションが稼動するためには，一定量以上の生乳集荷が必要となる．例えば，乳業メーカーの「蒙牛」の場合，搾乳頭数50頭，生乳量1t以上が必要となっている（薩日娜 2007).

引用文献

達古拉(2007):「「生態移民」政策による酪農経営の課題」,『アジア研究』, 53 (1), pp.58-65.
杜　富林（2005）:「内モンゴル牧畜業における持続可能な草地利用の形態と課題」,『地理学研究』, 10, pp.61-73.
エコーチャヒョノ・守田秀則・水野　啓・小林慎太郎（2000）:「農村地域住民の商店選択行動の要因分析―鳥取県東伯地域における事例―」,『農村計画学会誌』, 18 (4), pp.299-307.
ガンバガナ（2006）:「強いられた旅:内モンゴルにおける「生態移民」政策の実態について―シリンゴル盟ショローンフフ旗を事例として」,「研究報告」編集委員会編『旅の文化研究所研究報告』, 15, pp.67-79.
吉雅図・小野雅之（2009）:「中国・内モンゴルにおける草原保護政策下での牧羊経営の変化―シリンゴル草原地域を事例として―」,『農林業問題研究』, 45 (2), pp.212-217.
叶　芳和・祖　剛(2008):「中国・内モンゴルの環境問題は改善に向かうか」,『現代の理論』, 14, pp.136-148.
北川秀樹（2005）:「中国の生態移民政策に関する考察―陝西省農村の事例から―」,『社会科学研究年報』, 36, pp.1-8.
国家統計局農村社会経済調査司編(2009):「中国農村貧困監測報告 2008」, 中国統計出版社.
児玉香菜子（2005）:「「生態移民」による地下水資源の危機―内モンゴル自治区アラシャ盟エネゼ旗における牧畜民の事例から―」，小長谷有紀・シンジルト・中尾正義編『中国の環境政策―生態移民―緑の大地，内モンゴルの砂漠化を防げるか？』，昭和堂，pp.56-76.
鬼木俊次・加賀爪優・双　喜・根　鎖・衣笠智子（2010）:「中国内モンゴルにおける生態移民の農家所得と効率性」,『国際開発研究』, 19 (2), pp.87-100.
鬼木俊次・根　鎖（2005）:「「生態移民」における移住の任意性―内モンゴル自治区オルドス市における牧畜民の事例から―」，小長谷有紀・シンジルト・中尾正義編『中国の環境政策―生態移民―緑の大地, 内モンゴルの砂漠化を防げるか？』, 昭和堂, pp.198-217.
鬼木俊次・根　鎖（2006）:「中国内モンゴルの牧畜の効率性と草原保全活動」,『2006 年度日本農業経済学会論文集』, pp.254-258.
薩日娜(2007):「内モンゴル半農半牧地区における酪農業の現状と課題―興安盟を事例に―」,『農業経営研究』, 45 (1), pp.103-108.
蘇徳斯琴（2005）:「中国・内モンゴル自治区における草地分割利用制度の導入と牧畜経営・草地利用の変化―ショロンチャガン旗を事例に―」,『季刊地理学』, 57 (3), pp.137-149.
シンジルト（2005）:「「生態移民」をめぐる住民の自然認識―甘粛省粛南ヨゴル族自治県A村における事例から―」，小長谷有紀・シンジルト・中尾正義編『中国の環境政策―生態移民―緑の大地，内モンゴルの砂漠化を防げるか？』，昭和堂，pp.246-269.
スエー（2005）:「「生態移民」による新たな草原開拓」，小長谷有紀・シンジルト・中尾正義編『中国の環境政策―生態移民―緑の大地，内モンゴルの砂漠化を防げるか？』，昭和堂，pp.77-96.
内田　治著（2011）:『SPSSによるロジスティック回帰分析』，オーム社，230pp.
矢坂雅充（2008）:「中国，内モンゴル酪農素描－酪農バブルと酪農生産の担い手の変容－」，『畜産の情報』，230，pp.64-84.
双　喜（2003）:「内蒙古西部地域におけるカシミヤ生産と草原環境問題」,『農業経営研究』，41（2），pp.147-150.
双　喜・鬼木俊次（2005）:「内蒙古における環境保護政策の実施とその課題―ソニト右旗の移民村の調査結果から―」，『中国北方環境型農牧業与循環経済』，内蒙古大学出版社，pp.1-8.

第 6 章　牧畜地帯における酪農経営の実態と移民村の課題
—生態移民村における事例分析—

1. はじめに

近年，中国では家畜の過放牧による生態環境が悪化している．生態環境の悪化は，砂嵐，黄砂，草原退化などを引き起こし，現地の農牧民の生業や周辺地域にも多大な危害をもたらしている．特に，内モンゴルでは，それらの問題が深刻化しているため，2001 年度より生態環境保全を目的とした政策の一つとして「生態移民」政策が実施されることとなった．

第 2 章でも述べたが「生態移民」政策は，悪化した生態環境を改善・保護するとともに，環境の脆弱な地域で暮らしている農牧民に対し新たな村や町を建設し，農牧民をそこに移住させ，自立的な経営への転換を図る政策である．その一例として，自然条件が劣悪な地域で家畜の放牧を行っている農牧民を都市部近郊や環境条件の良い地域へ移住させ，そこで経済性の高い家畜であるホルスタイン種乳牛（以下，乳牛）の飼養が行われている．この政策では，酪農生産により貧困からの脱却を図るとともに，家畜の放牧を行っている農牧民を移住させることで農牧民が所有している放牧地の環境を改善させることも目標として含まれている．

農牧民にとって「生態移民」政策は，生活の場の変更のみならず，生産様式の変更を強いられるものである．これまで，草原資源を利活用した山羊・綿羊の放牧や農耕を主体とした粗放的生産から，畜舎において乳牛を飼養する集約的な家畜生産へと生産様式の変更を余儀なくされた．

「生態移民」政策の実施後，移民した農家の所得構造は大きく変化した．これまでの研究では，農家の経済評価や農家所得の規定要因を解明する研究（例えば，鬼木ら 2010）や移民してから乳牛を飼養している酪農家を対象とし，貧困の拡大を示唆する研究（例えば，達拉古 2007）が行われてきた．そうした研究は，移民後酪農生産を行ってきた経営を対象としたものであった．しかし，近年では，乳牛以外の家畜を飼養する農家や農産物加工を行う農家，移民前の土地に戻るものが現れている．この現象は本来の「生態移民」政策の意図とは異なるものであるが，移民村に移住してきた人々は，何らかの手段を講じないと所得の確保・生活の維持ができない状況となっている．こうした状況において最も深刻な影響を受けるのが移民村内で生計を立てている経営，特に酪農生産を主要部門としている経営である．移民村内での生乳生産が縮小し，搾乳ステーションが停止すれば，生乳販売に支障をきたし，移民村での生活が困難なものとなる．そうした意味において，生態移民村を存続させていくための方策を考えることは喫緊の課題であるといえる．

そこで本章では，生態移民後から酪農経営を継続している農家および酪農部門から他の部門へと経営の転換を行った農家を対象に聞き取り調査を実施し，生態移民後の経営実態を明らかにしたうえで，移民村存続への課題を検討することを目的とする．

2. 調査地域の概要

事例調査を行うに際し，生態移民前後の経営部門の変化についてのヒアリングを行政区の担当者および村の書記長を対象に行った．それらの変化を示したのが図6-1である．移民前は「遊牧」，「畜産（畜舎・放牧）」，「畜産＋農耕」，「農耕」の4つの形態が存在していた．そうした経営が移民村に移民してきた後，酪農生産を開始した．しかし，現在では，その酪農生産における経営部門は5つの方向

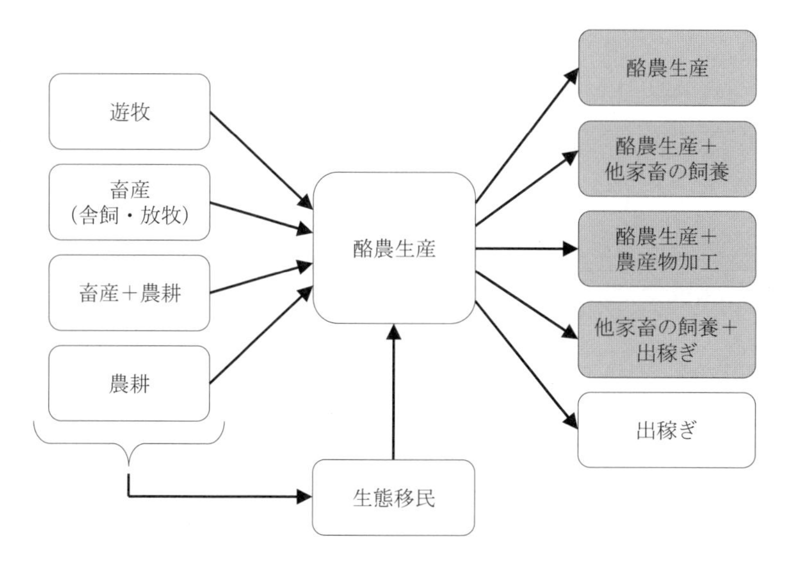

図6-1　生態移民前後の経営部門の変化
資料：2011年3月実施の聞き取り調査より筆者作成.
注：網掛け箇所は，本章が対象とした経営部門である．

図 6-2　事例調査の対象地域

に変化していることが明らかとなった．本章ではそのうち，図 6-1 において網掛けをしている 4 つの経営を対象に，聞き取り調査を行った．それらは，1）乳牛のみを飼養している農家，2）乳牛以外に他の家畜を飼養している農家，3）乳牛の飼養以外に農産物加工を行っている農家，4）乳牛の飼養を中止し，他の家畜を飼養している農家である．

これら農家に対する聞き取り調査は，2011 年 3 月に 2 つの移民村（A 村・B 村）において行った（図 6-2）．

A 村および B 村ともに，内モンゴルで最も早い時期に移民村の建設が始まった．移民村が建設され，移住してきた農家は家屋と牛舎が一式となった建物に住み，そこで乳牛を飼養することとなる．農家は移民村に建設されている搾乳ステーションに乳牛を移動させ，そこで搾乳を行う．搾乳された生乳は，このステーションを管理している乳業メーカーに販売する．

図 6-3　A 村の様子

A 村はシリンゴル盟の二連浩特（エレンホト）にあり，国家の貧困支援移民プロジェクトにより 2001 年 9 月から 2003 年の 3 月までに 1,196.5 万元を投じて建設された（図 6-3）．2003 年の時点で 162 戸，

図 6-4　A 村の搾乳ステーション

730 人が移住した．移民村には 4,500 畝（ムー）の共有地がある[注1]．この共有地では飼料用のとうもろこしが生産されており，漢民族の業者が生産を請け負っている．農家は，この業者からとうもろこしを購入し，庭先でとうもろこしサイレージの生産を行う．現在，A 村で乳牛を飼養している農家はわずか 25 戸前後であり，半数以上は移民前の土地に戻っている．残りは酪農生産を中止し，都市部で出稼ぎを行っている．

移民村には国営の搾乳ステーションが 1 つあるが，2010 年 11 月から運転は停止している（図 6-4）．その主な理由は，搾乳牛頭数の減少であった．しかし，酪農家の飼養頭数拡大などの努力もあり，生乳集荷量・乳質条件などを満たすことが可能となったため，2011 年 4 月より運転が再稼動する予定である[注2]．調査時点では，搾乳機を所有している個人業者が酪農家を訪問し搾乳を行っている．生乳の取引価格は 3.0 元/kg であり，この価格は大手乳業メーカーの搾乳ステーションと同水準の価格である．

B 村は烏蘭察布盟にあり，2001 年に国家の貧困支援移民プロジェクトにより建設された（図 6-5）．建設当初の農家数は 800 戸であった．しかし調査時点におい

図 6-5　B 村の様子

図 6-6　B 村の搾乳ステーション

て酪農生産を行っているのは，わずかに数十戸であった．また，乳牛以外の家畜を飼養している農家が数十戸現れている．移民農家のうち約 200 戸は，都市部に移動し，一年を通じて出稼ぎを行っている．残りの世帯は，夏場は出稼ぎで都市部へ出て行き，冬場は仕事が無くなるため村に帰ってくる．

移住してきた農家は，各世帯に分配された 3 畝の農地で農作物を生産するとともに畜舎で家畜を飼養している．この農地では，主にとうもろこしやじゃがいもを栽培しており，1 畝当たり 150 元の補助金が支給されている．村には乳業メーカーの「母牛」が建設した搾乳ステーションがある．しかし，2011 年 3 月より運転を停止しており，再稼動の時期は未定となっている．運転停止中の搾乳ステーションは，図 6-6 の写真は，手前の窓ガラスが割れているなど，管理者が不在のため廃墟に近い建物となっている．なお，B 村も A 村と同様に，搾乳牛の飼養頭数の減少による生乳確保が困難となったことが運転停止の主な理由である．

3. 事例調査の結果

3-1. 調査農家の概況

聞き取り調査を行った農家の概況は表 6-1 に示すとおりである．

A 氏（56 歳）は 2001 年に移住し，酪農生産を行っている．飼養頭数は 7 頭であり，その内訳は搾乳牛 3 頭，乾乳牛 3 頭，子牛 1 頭である．図 6-7 は A 氏の経営および搾乳状況の様子を示したものである．A 氏は経営外から乳牛を導入するのではなく，雌子牛の自家育成により飼養頭数の拡大を図ってきた．また，2010 年に高齢の乳牛 3 頭を販売し，1 頭を自家消費した．乳牛の販売価格は 1 頭当たり，4,000 元であった．A 氏が乳牛を処分した理由は，現在の労働力では，これ以上の乳牛を飼養するのが困難であったためである．なお，図 6-7 の右写真は，搾

表 6-1　調査農家の生態移民前後の飼養状況

	A 村（二蓮市）		B 村（烏蘭察布盟）	
	A 氏	B 氏	C 氏	D 氏
労働人口	2 人	2 人	2 人	2 人
移民後の飼養状況	酪農	酪農＋他家畜飼養	酪農生産＋農産物加工	他家畜飼養
	乳牛（搾乳牛 3 頭，乾乳牛 3 頭，子牛 1 頭）	乳牛（搾乳牛 5 頭，子牛 2 頭），山羊・綿羊（計 50 頭）	乳牛（搾乳牛 1 頭，育成牛 1 頭，子牛 1 頭），農産物加工（豆腐生産）	綿羊（10 頭）
移民前の飼養状況	山羊（120 頭）	山羊・綿羊（計 100 頭）	じゃがいも，ゴマ（計 14 畝）	じゃがいも，ゴマ，粟（計 27 畝），綿羊 15 頭，在来牛 2 頭，豚 2 頭
	農牧主体		農耕主体	

資料：聞き取り調査より筆者作成（2011 年 3 月）.

図 6-7　A 氏の経営の様子

乳機を所有している個人業者が酪農家を訪問し搾乳を行っている様子である．ただし，一つの機械を使いまわしており，必ずしも衛生的な環境で搾乳が行われているわけでないため，様々な疾病が発生するリスクを伴っているといえる．

B氏（57歳）は2002年に移住してきた．B氏は乳牛に加え，山羊および綿羊を飼養している．その内訳は，搾乳牛が5頭，子牛が2頭の計7頭と山羊および綿羊の計50頭である．山羊･綿羊は10月～3月の間はB氏の畜舎で飼養するが，4月～9月の間は放牧が可能な知人のところに委託している．その期間の委託料は1ヶ月650元である．B氏の経営の様子を示したのが図6-8である．

B氏は乾乳期と分娩直後の飼養管理に特に気を配っている．ピーク終了後から乾乳期までの間に飼料を多給し無理な搾乳を行うと，分娩後に母体の回復が遅れることや受胎率の低下が生じるなどの経験をしたため，飼料給与の時期や給与量など独自の工夫を凝らしながら飼養管理を行っている．

C氏（56歳）は，2002年に移住してきた．現在は，奥さん（50歳）とともに酪農生産と豆腐生産を行っている．飼養しているのは，搾乳牛1頭，育成牛1頭，子牛1頭の計3頭である．C氏は移民するときに，乳牛を2頭購入し，飼養頭数の拡大を図ったが，雌の子牛が生まれなかったことや飼養管理技術が不足していたことなどの理由により，意図したような拡大を図ることができなかった．図6-9はC氏の経営の様子を示したものであり，乳牛は基本的に，移民村に生えている雑草を食べており，栄養分の不足分は粗飼料や補助飼料で補っている状況である．

移民前，C氏は14畝の農地において，じゃがいもとゴマを栽培していた．現在の生活と比べると，移民前の方が豊かであったと感じている．C氏は今すぐにでも酪農生産を中止し，豆腐生産のみの経営に移りたい意向を持っている．そのた

図6-8　B氏の経営の様子

図6-9　C氏の経営の様子

め，早急に乳牛を売却したいと考えている．しかし，2008年に発生したメラミン事件以降，近隣地域では酪農生産に対する需要が減少したため，売却価格に折り合いがつかず売却できないでいる．このような理由からC氏は，乳牛や子牛にはできる限り飼料を給与せず，飼料費を低く抑えるような飼養管理を行っている[注3)]．

D氏（61歳）は，2002年に移住してきた．移住後，酪農生産を行ってきたが，2010年に酪農生産を中止し，綿羊飼養（3頭）を開始した．図6-10はその経営の様子を示したものである．現在，綿羊の飼養頭数は10頭まで拡大している．しかし，現在の経営では生活ができないため，D氏は5月～9月の5ヶ月間，近隣の都市部へ建設業の出稼ぎに出ている．出稼ぎによる5ヶ月間の収入は8,000元である[注4)]．D氏が酪農生産を中止した理由は，飼料価格が高騰し飼料の確保が困難になったこと，メラミン事件以降，生乳販売の品質基準が厳しくなったため，販売できる生乳量が減少したためである．移民前，D氏は農耕を主体としていたため，酪農生産の飼養管理技術を習得することが困難であった．

図6-10　D氏の経営の様子

3-2. 調査農家の経営状況

表6-2は，調査農家の経営状況を示したものである．収入構造をみてみると，乳牛飼養を主要な経営部門としているA氏およびB氏では，生乳販売が最も高い比率となっていた．両氏とも生乳販売に加え，退耕還林の補助金および家畜の販売が副次的な収入となっている．それらの割合はそれぞれ23.9%，22.6%であり，収入の大きな支えとなっている．C氏は，豆腐販売の収入が最も高い比率となっており，D氏は現在，家畜飼養による収入がないため，出稼ぎによる収入の比率が高くなっている．両氏とも移民前は農耕を主体としていたため，「退耕還林・還草」政策からの補助金は少ない[注5)]．

次いで支出構造をみてみると，A氏およびB氏において最も構成比が高かったのは飼料費であり，全体の8割～9割を占めていた．C氏は豆腐生産のための材料である大豆の購入費および乳牛飼養のための飼料費が主な支出となっている．D氏は綿羊飼養にかかる飼料費および農地で野菜を栽培するための電動力費が支出の中心となっている．

これらの結果より，各経営の所得率を算出した．A氏およびB氏の所得率は，34.2%，35.5%であった．2005年に少頭数規模の酪農家の経営状況を分析した薩日娜（2007）の報告では，所得率は28.5%～33.2%であった．また，2008年に酪農家の経営状況を分析した小宮山ら（2010）の報告では，所得率は34.1%～58.2%であった．景気変動などいくつかの要因を考慮する必要はあるが，本章の結果とこれら先行研究の結果を鑑みると，少頭数規模の酪農経営を維持していくには，所得率が30%を超えていることが一つの目安になると考える．

現在，A氏は現在の労働力では，飼養頭数の拡大を図ることは困難であると考

表 6-2　調査農家の経営状況

	A 氏		B 氏		C 氏		D 氏	
生乳販売代	106,650	(74.9)	75,375	(76.7)	14,040	(15.5)	−	(−)
雄子牛販売代	900	(0.6)	−	(−)	−	(−)	−	(−)
雌牛販売代	12,000	(8.4)	−	(−)	−	(−)	−	(−)
山羊・綿羊販売代	−	(−)	15,000	(15.3)	−	(−)	−	(−)
豆腐販売	−	(−)	−	(−)	75,623	(83.5)	−	(−)
補助金（退耕還林・還草）	22,140	(15.5)	7,200	(7.3)	400	(0.4)	−	(−)
補助金（移民村の畑）	−	(−)	−	(−)	450	(0.5)	450	(5.3)
出稼ぎ収入	−	(−)	−	(−)	−	(−)	8,000	(94.7)
共有地での臨時作業収入	700	(0.5)	700	(0.7)	−	(−)	−	(−)
粗収益	142,390	(100.0)	98,275	(100.0)	90,513	(100.0)	8,450	(100.0)
種付料	900	(1.0)	300	(0.5)	60	(0.1)	0	(0.0)
飼料費	86,861	(92.7)	52,580	(82.9)	14,126	(18.1)	690	(55.5)
獣医師及び医薬品費	0	(0.0)	400	(0.6)	0	(0.0)	0	(0.0)
光熱水料及び動力費	500	(0.5)	560	(0.9)	1,164	(1.5)	504	(40.5)
乳牛の減価償却費	6,375	(6.8)	5,313	(8.4)	3,188	(4.1)	−	(−)
山羊・綿羊の減価償却費	−	(−)	375	(0.6)	−	(−)	38	(3.1)
委託費（山羊・綿羊）	−	(−)	3,900	(6.1)	−	(−)	−	(−)
豆腐の材料費	−	(−)	−	(−)	59,313	(75.9)	−	(−)
税金（牛飼養）	−	(−)	−	(−)	36	(0.0)	−	(−)
税金（山羊・綿羊）	−	(−)	−	(−)	−	(−)	12	(1.0)
税金（豆腐生産）	−	(−)	−	(−)	300	(0.4)	−	(−)
生産費	93,736	(100.0)	63,428	(100.0)	78,187	(100.0)	1,244	(100.0)
農家所得	48,654		34,847		12,326		7,206	
所得率 [1)]	34.2		35.5		13.6		85.3	

資料：聞き取り調査より筆者作成.

えている．そのため，良質な飼料を給与することで個体乳量の増加を図り，収益を上げようとしている．主な給与飼料は，配合飼料およびとうもろこしサイレージである．ところが A 氏の経営では，とうもろこしサイレージの生産・貯蔵技術が不足しているため，その利用率は 50〜60%となっている．他方，B 氏も良質な飼料給与を給与したい気持ちはあるが，飼料価格の高騰により飼料給与は困難な状況となっている．そのため，とうもろこしサイレージは分娩前後の給与のみであり，その他の期間，給与している飼料は主に乾燥したとうもろこしを裁断した茎葉部となっている．B 氏は，分娩前後に良質な飼料を給与し母牛の早期回復を図ることができれば，ピーク時にとうもろこしの茎葉部を給与しても一定量の搾乳が可能であると考えている．ただし，B氏もA氏と同様に，とうもろこしサイレージの生産・貯蔵技術が不足しているため，サイレージの利用率は60%となっている．

以上のように,A氏は乳量の確保のために,良質な飼料給与を行っていること,B氏は過去の飼養経験に基づき，飼料コストと搾乳量の両方を考慮しつつ母牛の管理にも重点を置いた飼養管理を行っていることが結果に結びついたと考える．

C氏の経営では,販売できないでいる育成牛･子牛を飼養していることにより,酪農部門での経営収支はマイナスとなっている．このことが影響し，所得率は低い値となっている．

D氏は所得率だけをみると優良な経営である．しかし，出稼ぎが主な収入源であること，2010年度は綿羊飼養を開始した年であるため飼養頭数が少なく飼料費がかからなかったことなどが影響した結果である．D氏の経営は移民村においても新しい形態であるため，今後も追跡調査を行い，経営状況を分析していくことが重要であると考える．

4. おわりに

本章では，内モンゴルにおいて実施された「生態移民」政策により，移民村に移住した農家4戸に対する聞き取り調査を行い,経営の実態を明らかにしてきた．中国政府の意向により移民村への移住を強いられた農牧民は，生活が極端に変わることとなり，移民前より生活が豊かになったとは言い難い．図6-11は，メラミン事件後の生態移民村での酪農生産の流れを示したものである．メラミン事件以降，乳業メーカーは，牛乳の安全性を確保するために品質基準を向上させた．そのため，酪農経営においては，基準を満たす牛乳の生産を行うことが困難となった．各経営において，飼養頭数の維持が困難となり，集荷乳量の低下が顕著となると，移民村全体での生乳集荷量が減少することとなる．そうした場合，乳業メーカーにとっては,集荷コストに対する負担が増大することとなる.結果として,移民村の搾乳ステーションは運転停止の状態となった．こうした実態の把握を踏まえ，移民村を存続していくには，以下の3点の課題に対応していくことが重要であると考える．

第一に，安定的な飼料確保の問題である．2008年のメラミン事件以降，乳業メ

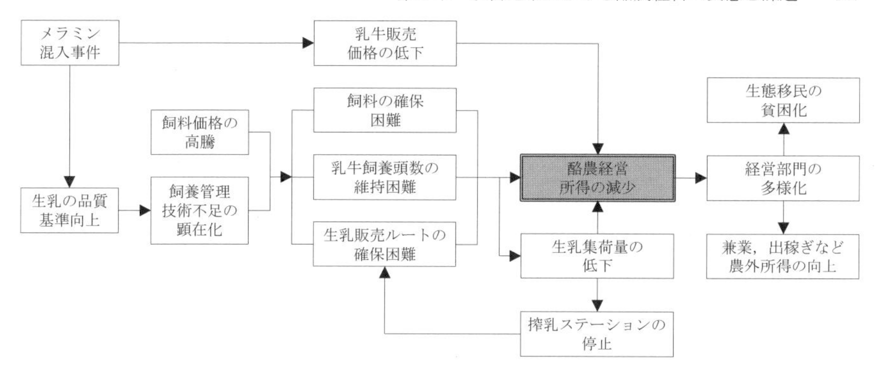

図6-11　メラミン事件後の生態移民村での酪農生産
資料：2011年3月実施の聞き取り調査より筆者作成.

ーカーが求める生乳の品質基準が向上した.そのため,品質の良い飼料を給与し，乳成分の品質向上を図ることが必要となった．またこの時期，飼料価格が高騰したため，飼料確保できない酪農家は生産中止に追い込まれた．また，最も影響を受けたのが，経営の外部から飼料を購入している農家であった．酪農家はいかに良質の飼料を安価で確保するかが飼養管理において重要であった．乳牛への飼料給与と乳量・乳質とは密接に関係している．良質な飼料を給与することで，乳量および乳質の確保が可能となる．粗悪な飼料を給与すると低乳量になり，乳質基準を満たすことができない．また，低品質の飼料給与を続けることで，乳牛は体調不良や受胎率の低下，分娩間隔の長期化を招くこととなる．

本章の事例においては，A村は移民村の共有地でとうもろこしの生産を業者が行っており，安価な価格で購入することが可能であった．しかしB村では，飼料生産のための共有地はなかった[注6)]．農地は個人に分配され，その利用は個人の管理に任されていた．その農地は野菜生産による収益を目的としたものであったため，酪農家は経営外の飼料業者から飼料を購入しなければならなかった．移民村から離れたところから飼料を購入する場合，運送費もかかり購入費はA村と比べ割高なものとなっていた．現在，移民村から完全に移動してしまった世帯が多数いるため，それら移動した人々の土地を利用し飼料生産を行っていくことが飼料確保の有効な方策になると考える．

第二に，搾乳ステーションを継続的に稼動させていくことである．搾乳ステーションが停止した場合，酪農家は生乳の販売を行うことができず，新たな販売先を探さなければならない．販売先が見つからない場合，酪農家は自身の手で生乳を処分しなくてはならない．また，長期に及ぶと酪農生産の中止に追い込まれることとなる．今後は，酪農家自身が搾乳ステーション停止に伴うリスクを回避するために，チーズやヨーグルトなど付加価値の高い生乳製品を製造する技術の習得や外部での販売先の確保を行うなど，多様な生産形態を確立していくことが重要であり，またそのための支援を行っていくことも必要であると考える．

最後に，移民村における経営部門の多様化への対応である．酪農生産の継続が困難となった場合，何らかの方法で所得を確保しなければならない．例えば，出稼ぎの仕事を探す場合，若者であることや中国語が使えることなどが条件となり，条件に当てはまらない人々は出稼ぎ先を見つけることが困難な状況となっている[注7]．今後は家畜飼養の継続が困難になった場合に備え，移民村内で語学習得や職業訓練などの支援体制を構築していくことが必要である[注8]．

また，移民前の技術を活かした経営を模索していくことも必要と考える．例えば，山羊・綿羊と乳牛とを複合的に飼養することが可能となる飼養形態の模索である．具体的には，B氏のように委託放牧を行うことや移民村において利用されていない土地を放牧地もしくは飼料畑として活用していくこと，さらに移民村内で山羊・綿羊の放牧頭数に制限を設け飼養を可能にすることなどは，生態移民以前の生産様式を利活用した方策に成りえると考える．

以上，生態移民農家の現状を明らかにするとともに生態移民村を存続していくための課題について述べてきた．乳業メーカーにおいては，消費者ニーズに応えるための厳格な乳質基準の徹底管理および乳量の確保を図り，牛乳および乳製品の安定供給を図っていくことが課題となる[注9]．他方，移民村に課せられた問題としては，乳牛飼養者の飼養管理技術の向上を図っていくことの他に職業の斡旋等，暮らしている人々の生活の質を向上させていかなければならない．その他，飼養頭数が増加した場合の将来的な問題として，家畜由来のふん尿問題（環境リスク）も考慮していくことが重要となろう．

注 1）1畝は約6.67aである．

注 2）搾乳ステーションが稼動するためには，一定量以上の生乳集荷が必要となる．例えば，乳業メーカーの「蒙牛」の場合，搾乳頭数 50 頭，生乳量 1t 以上が必要となっている（薩日娜 2007）．

注 3）C 氏の村では搾乳ステーションの運転が停止しているため，搾乳した生乳は販売することができず，廃棄処分している.

注4）D氏は，2011年度には子羊の販売が可能となるため，昨年度より所得は増加すると考えている．D氏は，子羊1頭当たり525元前後で売却できると考えている.

注5）D氏は移民する際，1畝当たり80元の退耕還林の補助金（8年契約）が支給される予定であったが，移民前の土地の利用権を失ってしまっているため，補助金が支給されていない.

注6）移民村における共有地の状況は，移民以前の経営形態に大きく依存している．すなわち，遊牧・放牧を主要部門としていた農牧民，農耕を主体としていた農耕民をそれぞれの経営形態に合わせた移民村を建設し，各々をそれらの移民村に移動させた.

注7）金（2009）や金（2010）では，都市部近郊の移民においても出稼ぎの重要性について指摘している.

注8）言語に関する同様の問題として，技術講習会の問題が挙げられる．移民当初，技術普及的な講習等はあったが，中国語での指導であったため，モンゴル族を含む少数民族が理解することは難しいものであった．ただし，技術指導に関しても最初の年に数回開催されただけであり，その後，行われることがなかった．また，時期を同じくして，飼料価格が高騰したため，酪農経営では飼料確保が困難な状況となった.

注9）乳質確保に関しては，食料汚染リスク（食料の安全性に関わるリスク）に関わる問題であり，乳量確保は，食料不足リスク（食料供給量不足に関わるリスク）と結びつく問題である．これらのリスクの詳細に関しては，南石（2010）・南石（2011a）・南石（2011b）・南石（2012）を参照のこと.

引用文献

達古拉（2007）:「「生態移民」政策による酪農経営の課題」,『アジア研究』, 53（1）, pp.58-65.
小宮山博・杜富林・根　鎖（2010）:「中国内モンゴル自治区の酪農経営の実態―フフホト市近郊酪農家を対象に―」,『農業経営研究』，48（1），pp.95-100.
南石晃明編著（2010）:『東アジアにおける食のリスクと安全確保』，農林統計出版，287pp.
南石晃明著（2011a）:『農業におけるリスクと情報のマネジメント』，農林統計協会，448pp.
南石晃明編著（2011b）:『食料・農業・環境とリスク』，pp.310，農林統計出版.
南石晃明（2012）:「食料リスクと次世代農業経営―課題と展望―」,『農業経済研究』, 84（2）, pp.95-111.
鬼木俊次・加賀爪優・双　喜（2010）:「中国内モンゴルにおける生態移民の農家所得と効率

性」,『国際開発研究』, 19（2）, pp.87-100.

薩日娜(2007):「内モンゴル半農半牧地区における酪農業の現状と課題―興安盟を事例に―」,『農業経営研究』, 45（1）, pp.103-108.

金　湛（2009）:「中国の「生態移民」政策が牧畜民の家計経済へ及ぼす影響―内モンゴル自治区の事例―」,『地域学研究』, 39（4）, pp.991-1011.

金　湛（2010）:「内モンゴル自治区における「生態移民」政策の内容と執行--牧畜農家の家計経済へ及ぼす影響の視点から」,『アジア経済』, 51（1）, pp.31-47.

第7章　酪農生産における農業・環境リスク
—フフホト市の乳業メーカーと酪農経営を事例として—

1. はじめに

中国における酪農・乳業は1978年の農村経済改革を中心とした経済改革により個人による生乳販売が認められ，その生産体制は大きく改善した．その後，著しい成長をみせた酪農・乳業は，1989年に国家評議会によって，国家経済の発展を促進するための重要な産業として位置づけられた（長谷川ら 2007）．1990年代以降は，中国の急速な経済発展に伴い食生活も大きく変化し，畜産物，特に牛乳の消費量が大幅に増加した．また，中国政府は国民の健康増進の観点から1997年に国務院が「全国栄養改善計画」を発表し，乳牛飼養と乳業は重点的発展産業として位置づけられることとなった（北倉・孔 2007）．

このような農業生産体制および食料消費構造の変化が拡大している中国において，特に著しい成長をみせているのが内モンゴルである．内モンゴルの酪農経営は，従来の黄牛を中心とした家畜飼養と農業との複合型酪農経営に代わって，農家が企業と契約を結び酪農生産を行う，いわゆる私企業リンケージ型（PEL）の酪農経営が都市近郊を中心に増加している．その背景には，牛乳および乳製品の需要増加が挙げられ，特に2000年以降，生産性の高い資本集約的な酪農振興が行われている．しかし，2008年に発生したメラミン事件以降，栄養価の高い牛乳・乳製品に加え，安心・安全な製品を求める消費者を意識した乳牛の飼養および生産管理が重要な課題となっている[注1]．このことは換言すると，消費者にとっては，牛乳および乳製品を購入・消費する場面でリスクを伴うことを意味している．消費者が牛乳および乳製品を購入・消費する際のリスクとしては，農業リスクおよび食料リスクが考えられる．酪農生産および乳製品生産を巡る研究として，例えば，酪農経営と乳業メーカーにおける取引関係に着目し，生産メカニズムおよび乳牛の飼養管理の現状及び課題を明らかにした研究（例えば，朝克図ら 2006，薩日娜 2007）や搾乳ステーションの機能に着目し，生乳の流通構造と取引形態を明らかにした研究（例えば，烏雲塔娜・福田 2009）が挙げられる．しかし，酪農経営および乳業メーカーにおけるリスク管理に言及した研究は少ない．

そこで本章では，中国および中国国内最大の酪農生産地域である内モンゴルに焦点を当て，メラミン事件を契機とした乳業メーカーと酪農経営との取引関係およびリスク対応について検討することを目的とする．具体的には，メラミン事件の乳業メーカーと契約生産を行っている酪農経営との対応関係に着目し，問題点の把握および今後の課題について検討する．

以下，次節では，中国で発生したメラミン事件およびその問題点について概観する．次いで第3節では，中国最大乳業メーカーの「伊利集団」（以下，伊利とする）を事例として取り上げ，会社の概況および酪農生産基地の一つである牧場園区の概況について述べる．第4節では，乳業メーカーにおける酪農生産支援とリスク管理について検討する．第5節では，メラミン事件後の中国政府の対応と生産現場の課題について述べる．

2. メラミン事件に潜む中国酪農生産の問題点

2008年9月，中国衛生省は中国第3位の乳業メーカーであった三鹿集団の粉ミルクからメラミンを検出したことを公表した．このメラミン事件は，乳幼児に大きな被害をもたらしたことで中国国土を揺るがす事件となった．乳幼児は腎臓結石の被害を受け，中国国土で5.4万人以上，少なくとも5人が死亡した．三鹿集団は，生乳の集荷・工場の搬入から製造および流通に至る過程でメラミンの混入を見つけることができなかった．メラミン事件は，河北省の三鹿集団が事件の発端であるが，中国最大手の乳業メーカーである伊利や蒙牛でも微量のメラミンが検出され，乳業メーカーの品質管理の甘さが浮き彫りとなった．

2-1. 搾乳ステーションにおけるリスク管理

メラミンとは，通常メラミン樹脂（メラミンとホルムアルデヒドを主体とした合成樹脂）の形で，軽量で鮮やかに着色された食器，カトラリーとして使われるものであり，毒性そのものは低い（渡邊 2008）．しかし，大量に摂取すると腎臓などに結石ができる場合がある．また，メラミンは窒素を多く含み，食品などに混ぜることで蛋白質の量を多く見せることが可能となる．

メラミン事件発生の背景には，中国の酪農生産における独自の集荷システムが一因として挙げられる．日本の酪農経営では，各自がそれぞれの搾乳機械を持ち，自身の施設で搾乳を行っている．しかし，中国の零細農家の多くは自身の搾乳施設を持っていない．零細農家は，企業もしくは個人が村に建設した搾乳ステーションに乳牛を移動させ，そこで搾乳を行うのが通例である．乳業メーカーにとっては，零細農家の庭先に行き，そこで搾乳を行い買い取るよりも，搾乳ステーションで生乳の集荷を行い，品質管理と衛生管理をクリアした生乳を買い取った方が効率的である．一方で，零細農家にとっては，搾乳施設を整備するための費用負担が節約できる．

メラミン事件発生以前は，乳業メーカーは原料乳を購入するとき，脂肪分，蛋白質など，一定の成分基準を設け，その基準をクリアした生乳のみを購入していた．この成分基準の設定自体は，生乳の水増しを防ぐことが目的であった．乳業メーカーと取引を行っていた酪農経営の多くは，この基準に従い乳牛の飼養，生乳の集荷を行っていた．しかし，実際のところは乳業メーカーと酪農経営との生乳取引において，成分基準が設けられてはいたが，その管理は極めて甘く，乳代は基本的に乳量によって決まっていた．搾乳ステーションは，乳量を増やすことが利益につながるため，集荷された乳量を水増しするために，生乳に水を加える行為が行われていたのである（荒川・岡田 2012）．すなわち，メラミン事件は，搾乳ステーションにおける運営および品質管理の杜撰さが招いた事件であるといえる．水分を加えられた生乳は，当然蛋白質が不足することとなる．そこで乳業メーカーは，生乳の成分を偽るため，メラミンを混入し蛋白質を水増しすることで，品質検査を潜り抜けようとした．先に述べたように成分基準の一つである蛋白質については，生乳に含まれる窒素の量を計測し，蛋白質比率の推定より算出していた．メラミン樹脂は生乳の窒素量を水増しするにはうってつけであったといえる．

2-2. メラミン事件に潜む酪農生産システムの問題点

中国の酪農は，高度経済成長を背景に，牛乳・乳製品の消費急増により生乳生産が著しく拡大し急成長した．特に，2000年頃から始まった「酪農バブル」は中国の酪農を「量」志向へと加速させた．将来の酪農需要を見込んで乳牛を飼養する農家が増加した．また，政府の貧困対策の一環として「生態移民」政策が実施され，乳牛を飼養する農家が増加したこともこの動きに拍車をかけた．中国政府は経済性の高い乳牛を飼養することで，貧困からの脱却を図ろうとしたのである．

乳牛の価格は2000年ごろには，4000元前後であったが，わずか数年後の2004年には1頭1.2万元から1.8万元へと急騰した．しかしこの時期，乳牛の頭数はまだまだ少なく，生乳の品質も低品質であった．多くの乳業メーカーは安価な輸入原料乳粉を使用していた．そのため，国内産の原料乳の価格は 1.5～2.1 元/kg と低価格であり，乳牛の購入価格および飼養管理費に見合うものではなく，利益を出すことが困難であったため，酪農生産に対する需給バランスは崩れ，2006 年頃には「酪農バブル」は終焉を迎えた．乳牛 1 頭当たりの価格は，急落し 5,000 元前後まで落ち込んだ（渡邊 2008）．

しかし，国内での原料乳に対する需要は，消費者の所得向上に伴う乳製品需要を背景に拡大を続けたため，2007 年には輸入原料乳粉の価格が高騰することとなる．この時，中国国内の原料乳は輸入原料乳粉に比べると相対的に割安であったため，国内原料乳を乳業メーカーが奪い合うという状況が生まれた．原料乳が高騰したため，乳業メーカーは原料乳の確保のために，購入する生乳の品質基準を実質切り下げた（渡邊 2008）．つまり，作れば売れるといった右肩上がりの成長の中で，乳業メーカーの乱立が続き，各メーカーとも牛乳・乳製品の生産を拡大させた．このため，乳業メーカー間での競争が激しくなっていった．

「増産・増益」を合い言葉に，乳業メーカーは計画性のない生産能力の拡大を行ったため，農村では乳業メーカーによる生乳の奪い合いを生むこととなった．そして，生乳取引価格の変動，市場経済への適合性のない零細農家は減少し，生産構造は規模拡大へと向かっていった．またその一方で，乳業メーカーは膨大な内需の恩恵により，中小零細のメーカー数は増加した（新川・岡田 2012）．しかし，価格競争のなかで自社生産のコストを賄うことができなくなった乳業メーカーは，仲買人から安価で低品質な生乳の購入に切り替えていくようになった．加えて，搾乳ステーションでの品質管理は杜撰であるとともに，乳業メーカーの利益追求の運営体制を監視する機能はなかった．メラミン事件はこのような様々な要因が重なり合い，生じた事件であるといえる．

3. 生産現場からみた内モンゴルの酪農生産とリスク管理

3-1. 乳業メーカー「伊利」の概況

以下では，中国最大手の乳業メーカーである「伊利」における事例を用いながら，乳業メーカーと酪農経営との取引関係について見ていくこととする．

伊利は，1993 年 2 月 18 日，フフホト市経済体制改革委員会の認可により，フフホト市回族民乳食品本工場が株式制に移行し，「内蒙古伊利実業股分有限公司」として成立した．その後，1996 年 3 月に上海証券取引所に株式上場し，1997 年 2

月5日に「内モンゴル伊利集団」となった．もともと伊利の主要部門は，アイスクリームの製造・販売であり，牛乳やUHT乳（日本で言うLLミルク），加工乳および乳飲料などの液状乳，粉乳，ヨーグルトなどの本格的な生産が開始されたのは1997年からである（長谷川・谷口 2010）[注2]．

2008年の伊利の売上高は，前年比12.1%増の215億3,800万元，2009年1−3月期の売上高は前年同期比8.25%増の50億9,900万元であり，中国第1位の乳業メーカーである．伊利では，200 万頭以上の搾乳牛を飼養しており，それらは内モンゴルをはじめ黒龍江省や新疆自治区，河北省や山東省など中国各地で飼養されている．伊利では500万人以上の個別農家と契約を結び，酪農生産を行っている．また，その他に1,000頭未満の集約的な牧場を700以上，1,000頭以上の規模である牧場園区を28個所有している．なお，本章で取り上げた事例は1,000頭以上を飼養している牧場園区の一つである．

中国における伝統的な酪農生産方式としては,「加工企業＋仲買人＋農家」モデルが挙げられる．中国では，一般的に乳牛を飼養している農家が自ら搾乳機械や施設を持つことは少ない．生乳は，乳業メーカーに卸す仲買人が農家から生乳を集めている．仲買人は生乳を集荷し，それを乳業メーカーに販売することに特化している．そのため，農家以外はどういった飼料を給与しているのか，抗生物質を投与しているのか，といった情報は全く知らない．

伊利は,先に述べた伝統的な酪農生産モデルとは異なるモデルを1997年より開始した．それが「公司（企業：乳業メーカー）＋農家」モデルであり，乳業メーカーと農家が契約を結び生産活動を行うモデルである．このモデルでは，伝統的な生産モデルとは異なり，乳業メーカーが農家に対して所有している家畜の飼養管理技術の指導，安価な配合飼料の販売，資金融資や補助金支給[注3]などの支援を行う．その一方で農家は，乳業メーカーから契約で定められた乳質基準をクリアする生乳の生産が求められ，乳質基準をクリアした生乳は契約で定められた価格で乳業メーカーと取引きされる.こうしたモデルは,乳業メーカーにとっては,一定量の生乳確保および生産資材の効率化が図られる一方で，農家にとっては，生乳の販売ルートが確保されるため，双方にとってメリットは大きいものといえる．

しかし，この「公司（企業：乳業メーカー）＋農家」モデルでは，契約農家が各地に分散しているため，乳業メーカーは農家への飼養管理や飼料の給餌方法などの技術的な指導のほかに牛の健康状態の把握や生乳の品質に関する衛生面での指導が困難であった．そのため，伊利は「公司（企業：乳業メーカー）＋牧場園区＋農家」モデルへの転換を試み，乳業メーカーが建設した牧場園区へ農家を入居させる生産を行わせることで指導の効率化を図った．

3-2. 牧場園区における酪農生産の概況

本節では，2009年に実施した事例調査の結果を基に，乳業メーカー「伊利」と酪農経営とのと生産取引に関する対応関係を明らかにする．またその際，メラミン事件前後の対応関係およびリスク管理に関しても述べていく．

調査対象地域であるA牧場園区（以下，園区とする）は，フフホト市の中心部から北西70kmほどのところに位置する土佐旗にあり，周辺は内モンゴルでも有数のとうもろこし地帯である[注4)]．園区は図7-1に示すように，一定区画内に酪農経営を集約させた酪農生産団地のようなものとなっている．

園区は，2003年8月に建設され，園区の中心部には2ヶ所の搾乳ステーションがあり，農家は搾乳牛をステーションまで移動させ，搾乳を行っている（図7-2）．ただし，園区に入居している経営主が酪農経営を自ら営んでいるとは限らない．施設を借りた経営主が従業員を雇い，酪農生産を任せているケースも存在する．農家は，伊利以外の乳業メーカーとは生乳販売の契約を結ぶことは禁止されており，搾った生乳はすべて伊利へ販売しなければならない．

調査園区の概況は表7-1に示すとおりであり，2009年8月の時点で40戸の農家が入居している．また，企業と農家の対応関係を示したのが図7-3である．園区では，2,200頭のホルスタイン種乳牛が飼養されており，1戸当たりの平均飼養頭数は55頭である．そのうち搾乳牛は1,100頭飼養されており，園区での1日の

図7-1　乳業メーカー「伊利」の牧場園区

図 7-2　搾乳ステーションへ移動する乳牛

表 7-1　調査園区の概況（2009 年 8 月時点）

戸数	40 戸
管理頭数	2,200 頭
うち搾乳牛	1,100 頭
1 日平均搾乳量	20t
職員	26 人
うち伊利職員	23 人（給料：1,800 元/月）
うちアルバイト	3 人（給料：1,000 元/月）

資料：聞き取り調査より筆者作成.

搾乳量は 20t，1 頭当たりの 1 日の平均搾乳量は 18kg である．園区内では 26 名の伊利関係者が働いており，伊利の職員が 23 人，アルバイトが 3 人となっている．

以下では，「園区入居時における支援」，「園区入居後の支援」，および農家や消費者に多大な影響を及ぼした「メラミン事件以降の支援」の 3 つの時期に区切り，企業から農家への支援について述べていく．

4. 乳業メーカーにおける酪農生産支援とリスク管理

4-1. 園区への入居時の支援

伊利は園区への入居募集の際，いくつかの経営支援策を提示した．それらは，伊利が園区内に建設したミルクステーションを無償で利用できること，伊利の関連会社の配合飼料を低価格で購入できること，家屋や牛舎の修理が必要になった場合，無償で修理を行うこと，入居者の家族に対して伊利の関連会社への就職斡旋をすること，農家の飼養頭数が平均 40 頭規模になるまで精液を無料で提供する

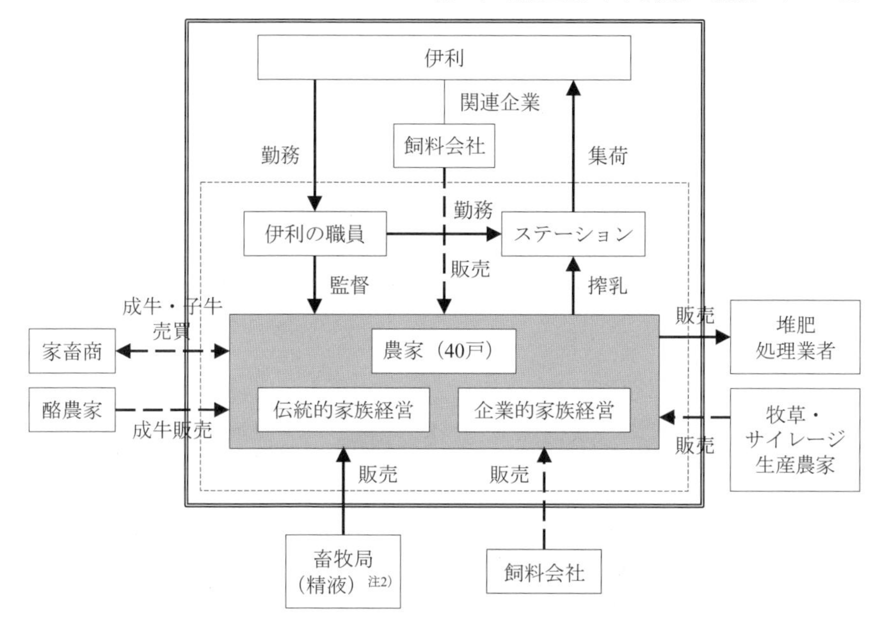

図 7-3　私企業リンケージ型酪農における対応関係
資料：聞き取り調査より筆者作成
注 1: は伊利との対応関係の範囲，は園区内での対応関係の範囲，は個別経営を示している．
また，農家にとって，→は意思決定に自由度がなく，-->は意思決定に自由度があるものを示している．
注 2：ただし，どの精液を購入するかに関しては，選択が可能である．

こと，などであった．ただし，精液の無料配布は2003年から2005年までの間のみであり，現在は行われていない．

その一方で，伊利は入居希望者に2つの条件を課した．一つは，ホルスタイン種乳牛を25頭以上飼養することであった．もう一つは，家屋（0.4畝（図7-4）），牛舎（0.6畝（図7-5）），とうもろこしサイレージの貯蔵用バンカーサイロ（2棟で2畝（図7-6）），運動場（3畝（図7-7））が一式となった施設（計6畝）に入居し酪農生産を行うとともに，この施設を購入しなければならないことであった．

伊利にとって前者の条件は，相当数の乳牛を飼養している農家を入居させることで一定量の出荷乳量が確保できること，後者の条件に関しては，農家が継続的に生産活動を行える状況を提供することで持続的な生乳の集荷が可能となることがねらいにあるといえる．換言すると，前者は短期的な経営目標としての生乳生

図 7-4　住居の概観

図 7-5　牛舎の風景

図 7-6　トウモロコシサイレージ用のバンカーサイロ

図 7-7　パドック（運動場）

産量の確保であり，後者は長期的な経営目標としての企業の継続性を意味するものである．

伊利から提示された第一に条件に関して，農家は伊利から牛を購入するのではなく，農家自身が直接，家畜商や農家から購入しなければならなかった．当時，搾乳牛は1頭当たり 15,000～18,000 元，雌子牛は 4,000 元～7,000 元で取引されていた．また，第二の条件に関しては，金利や手数料等は一切かからない条件のもと，30 年間で施設の購入金 21 万 7 千元を返済しなくてはならなかった．

以上のように，園区に入居するには多額の初期投資が必要であった．そのため，園区に入居した農家はある程度の資金力を持っていたといえる．

4-2. 園区入居後の支援

募集を開始した翌年の 2004 年には，40 戸中 39 戸に農家が入居した．入居後の技術支援として，伊利は家畜飼養管理や成長ステージに合わせた飼料設計などの技術指導を年に数回行った．

また，経営支援としては，伊利の関連会社の配合飼料を給与した場合，生乳 1kg 当たり 0.2 元の補助金が乳価に上乗せされること，またその配合飼料を購入する場合，立替支払いが可能であり，代金は乳価から引き落とされることなどの支援策を提示した．ただし，伊利ではそうした配合飼料の給与を推奨しているものの，農家がどこの飼料会社から飼料を購入するかは自由であった．また，乳牛の飼養頭数の拡大や設備への投資などに関しても一切の強制はなかった．

以上のような支援のもと，農家は乳牛の飼養管理を行っていたが，これまで数頭規模でしか乳牛を飼養したことのない経営主や遊牧を主体としていた経営主にとっては数十頭規模で牛を飼養するには経験が不足していた．彼らが飼養していた牛は 2 年目以降に大きく乳量が減少した．主な原因は，分娩直後の飼養管理や飼料貯蔵技術および給与技術の不足などに起因するものと考えられた．また，この時期に子牛販売価格の低下，飼料価格の高騰など農家を取り巻く経営環境が悪化した．そのため，飼養管理技術が不足していた農家の多くが経営を中止し，園区から退去していった．

そのため，伊利は新たに入居者を募集しなければならなくなった．しかし，経営環境が悪化している時期であったため，これまでの条件では新たな入居者は現れなかった．新たな入居者を獲得するために伊利は，これまでの条件の緩和および廃止を行うことを決断した．先に述べた第一の入居条件に関しては，ホルスタイン種乳牛の飼養頭数の制限を廃止した．第二の条件に関しては，施設を購入させるのではなく賃貸とし，賃貸料を月額 500 元に設定した．こうした入居条件の廃止・緩和を行った結果，2007 年度には 40 戸すべての施設が埋まった．

4-3. メラミン事件以降の支援とリスク管理

2007 年の秋から生体牛価格および生乳価格が上昇し始め，生体牛価格は前年度のおよそ 2 倍，生乳価格も 1.82 元/kg から 3.11 元/kg へとおよそ 70%も上昇した

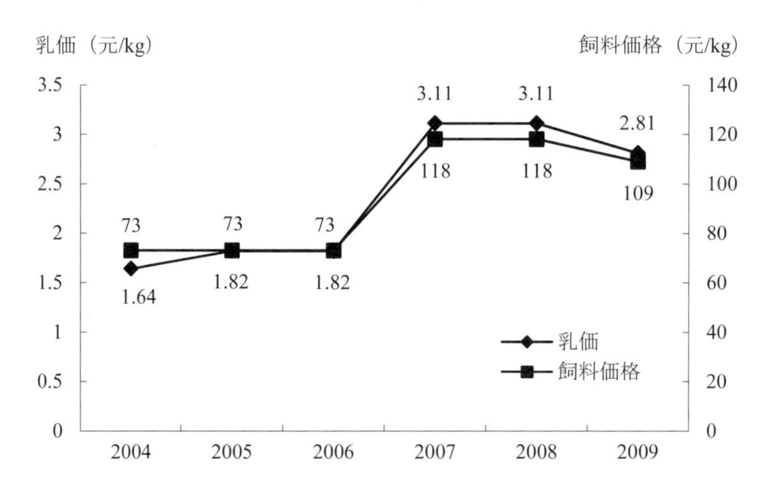

図 7-8　乳価と飼料価格の推移
資料：聞き取り調査をもとに筆者作成．
注：乳価は，伊利の関連会社の配合飼料を給与し，最も高く取引されたケースの価格である．

（図7-8）．ところが同時に，輸入飼料も高騰しはじめ，農家の生産費を圧迫するようになった．そのため，農家の多くは生まれてきた子牛を更新牛として残すのではなく販売にまわすようになり，乳牛資源が不足気味になった．

そうした状況の中，2008年9月に生乳・乳製品および飼料へメラミンが混入したメラミン事件が発生した．伊利をはじめ他の乳業メーカーでは，国からの指令で乳質基準が引き上げられた．伊利はこの事件の対処策として，これまで通り生乳の全量買い取りを継続するとともに，新たな条件として，伊利の関連会社の配合飼料を飼料設計通りに給与したにもかかわらず，乳質基準に満たなかった生乳や乳房炎などの疾病が発生してしまった汚染乳についても全量買い取ることを明文化した．

国からの乳質基準の引き上げにより，ミルクステーションでの管理もこれまで以上に厳しいものとなった．これまでは，搾乳された生乳はすぐに乳質検査および衛生検査が行われ，もし問題が発生した場合，そのタンクに集められた生乳はすべて廃棄し，問題のあった牛の生乳取引を一定期間中止することで品質の確保を行っていた．メラミン事件以降は，これらの工程に加え，検査員が問題のあった農家に対し給与飼料の品質検査を行い原因究明にあたるとともに，飼養管理や飼料給与方法などの指導を行っている．伊利ではこうした厳重な検査管理体制により，高品質な生乳を確保するとともにメラミン事件のような事件が再発しないように努めている．

4-4. 乳業メーカーより享受した支援

本章で取り上げた事例農家の概要は表7-2に示すとおりである．A氏は園区が建設された2003年に入居し，B氏は2004年に園区に入居した．2009年8月時点の飼養頭数は，A氏は60 頭，B氏は54頭と園区内で平均的な飼養頭数の農家である．配合飼料は両者とも伊利の関連会社から購入しており，粗飼料に関しては特定の取引業者は存在せず，近隣の農家から現金で購入している．種付けに関しては，両者とも畜牧局から精液を購入し園区内の獣医に依頼し種付けを行っている．

両氏とも園区に入居してきた当時より，飼養頭数および搾乳量が増加している（表7-2）．これは，伊利からの技術指導や自身の家畜飼養の熟練度が向上したこともあるが，伊利の関連会社から栄養価の高い配合飼料を購入し，その飼料に合わせた飼養管理が行えるようになったことが大きいと考えていた．

表 7-2　調査農家の概要

		A氏	B氏
経営開始年次 当時の飼養頭数と平均乳量		2003年 45頭：20kg	2004年 27頭：20kg
現在の飼養頭数		60頭 （搾乳牛：30頭，乾乳牛・育成牛：30頭）	54頭 （搾乳牛：24頭，乾乳牛・育成牛：30頭）
家族構成（○は飼養者）		○経営者：34歳，○妻：34歳，長男9歳	○経営者：53歳，妻：51歳，長女：25歳，○長女の婿：27歳
購入飼料	とうもろこし乾草	0.04元/斤	－
	とうもろこしサイレージ	0.08元/斤	0.07～0.08元/斤
	配合飼料	1.09元/50斤	1.09元/50斤
	その他	補助飼料（粉末のとうもろこし）：0.17元/50斤	－
種付け料		35元/頭	60元/頭
獣医・薬品費		150元/頭/年	200～300元/頭/年
毎月の返済金		500元/月	1,200元/月
貯蓄		ほとんどない	ほとんどない
所得		2,500元/月/人	3,000元/月/人
乳量（平均・分娩時・ピーク時）		25～30kg・10～15kg・35～40kg	25～30kg・15kg・40kg
産次数		5～6産	5～7産
飼養計画		雄子牛はすぐに売却する 毎年1/3を更新していく	雄子牛はすぐに売却する 乳量の多い牛は後継牛とする
飼養管理の問題点		サイレージの生産・貯蔵技術の確立	疾病（乳房炎・子牛の下痢） 搾乳牛によって乳量が不均一 サイレージの生産・貯蔵技術の確立
今後の飼養目標		搾乳牛を50頭以上	搾乳牛を常時25～30頭 自家繁殖技術の確立

資料：聞き取り調査より筆者作成.

本章で明らかにした乳業メーカーと農家との対応関係をまとめたものが表7-3である．私企業リンケージ（PEL）型酪農における対応関係を見ると，伊利にとっては一定量の生乳集荷が継続的に行えること，他方，農家にとっては，生乳の全量買取りによる販売ルートの確保や立替支払いによる経営負担の軽減など双方にとって有益な関係であることが明らかとなった．

表 7-3　乳業メーカーと農家の対応

	乳業メーカー	農家
経営目標	乳量・乳質の確保（短期） 企業の継続性（長期）	・所得向上
経営支援・対応	牧場園区への入居時の経営支援 ・ミルクステーションの無料利用 ・運動場・牛舎など施設一式の利用 ・関連会社から安価な配合飼料の販売 ・乳質基準を満たした生乳の全量買い取り ・入居家族に対する伊利関連会社への就職斡旋 園区入居後の経営支援 ・立替支払い制度（関連会社の飼料購入に限り乳価からの引き落とし） ・蛋白率に応じたプレミア価格の設定 メラミン事件以降の経営支援 ・乳質基準に満たない生乳および汚染乳の全量買い取り[注1]	・搾乳牛の増頭 ・乳量の増加 ・乳質の向上
技術支援・対応	園区入居後の技術支援 ・飼養管理技術の指導 ・成長ステージに合わせた給与飼料設計技術の指導 ・飼料の生産・貯蔵技術 メラミン事件以降の技術支援 ・乳質検査による疾病の特定および農家への飼料給与技術の指導	・飼料給与技術の確立 ・繁殖技術の確立 ・淘汰・選抜技術の確立（自家繁殖技術） ・乳房炎など疾病防止
今後の課題	・乳質向上を促すプレミア価格の再設定 ・飼料および精液の生産・販売管理の一元化	・飼料貯蔵技術の確立 ・搾乳牛の増頭

資料：聞き取り調査より筆者作成.
注 1：ただし指定飼料の給与設計通り給与していた場合に限る.

また，これまで伊利から享受された最も有益であった支援に関しては，両氏とも伊利の関連会社から配合飼料を購入する際の立替支払い制度を挙げていた．両氏とも配合飼料を購入する時は，数ヶ月もしくは半年単位で一括購入している．表 7-2 に示すように現金貯蓄の少ない両氏の経営において，毎月の生乳売上金の中から生活費を工面し，牛に給与する粗飼料や配合飼料を現金で購入することは経営的に負担が大きかった[注4)].

その他，両者にとって搾乳した生乳を全量買い取ってくれることも販売ルートが確保される意味において，有益な支援となっていた．こうした支援は，飼養頭数を拡大する場合や給与飼料を選択する場合のリスク回避の要因となり，経営方針の選択時に発生する農家の経済的・心理的負担を軽減する方向に作用するものと示唆される．

さらに，現在の問題点として両氏とも共通した2つの問題を挙げていた．一つは，近隣農家の粗飼料生産技術の不足問題である．生産農家によって飼料の品質に格差がみられるため，牛の給与量や嗜好性に合わせ飼料設計を変更させる必要が生じている．もう一つは，飼養頭数に限界が生じている点である．両氏とも飼養頭数の拡大への意向を持っているが，現在の施設では100頭ぐらいまでが限界とみている．そうした場合，農家は，当該園区に留まり，一頭当たりの乳量および乳質の向上を目指すか，もしくは当該園区を離れ他の地域で大規模に牛を飼養するか，など何らかの意思決定が必要となる．喫緊の問題ではないにせよ，園区内で飼養頭数拡大への意向を持つ農家が増えれば，伊利にとっても対応が迫られる問題になるといえる．

5. おわりに

中国政府はメラミン事件を踏まえ，生乳の品質確保を目的として，生乳成分規格を強制規格とした．2008年11月農業部は「生乳生産買上管理方法」を公表した．この通知では，生乳は中華人民共和国国家基準（GB）に適合することとし，不適合の生乳は廃棄などとすることとした．2011年3月，政府は生乳の成分規格を策定し，同年6月から適用することとした．この規格では，乳成分の指標を蛋白質2.8%以上，脂肪分3.1%以上，無脂乳固形分8.1%以上，細菌数200万CFU/ml以下などとした．新川・岡田（2012）は，蛋白質を0.1%引き上げるためには，零細農家では飼料コストが1割上昇することとなり，飼料価格が上昇している現状では，零細農家が成分規格をクリアすることは難しいことを指摘している．そして，生産された生乳の大半は出荷することができなくなるため，零細農家の収益は著しく悪化することが考えられ，蛋白質を補うために再び不正行為が行われる可能性を危惧している．

筆者が実施した前節の事例においては，成分規格の基準は十分にクリアできていた．その要因として，乳牛に給与している飼料の品質が挙げられる．事例農家においては，伊利の関連会社からの配合飼料を給与していた．事例農家自身も，この配合飼料を給与していれば，最もランクの高い成分基準をクリアすることができ，成分基準ごとに設定されているプレミア価格を容易に得ることができると述べている．容易に成分が基準をクリアし，プレミア価格へのインセンティブが薄れてきた場合，乳質への意識が再び低下する可能性がある（長命・呉 2010）．そのため，生産・給与する飼料の品質管理には十分に注意すべきである．

以下では，これまでの結果をふまえ，私企業リンケージ型酪農における今後の課題点3つを提示することで本章のまとめとする．

第一に，農家の乳質向上に対する関心が低いため，プレミア価格の見直しが必要である．両氏とも遺伝的には現状よりも高い乳質が期待できる牛も飼養していると感じているが，乳質を向上させることへの関心は低い．その理由として，特別な創意工夫なく伊利の関連会社の配合飼料を給与していれば最も高いランクとなり，プレミア価格が容易に得られるためである[注6)]．そのため，両氏とも乳量を増加させることや搾乳牛を増頭する方が収入の増加に結びつくと考えており，乳質向上への関心は低い．

第二に，とうもろこしサイレージの貯蔵技術を向上させることである．調査農家ではバンカーサイロにビニールを被せた嫌気発酵によりサイレージ調整を行っていたが，サイレージを牛に給与する時期になるとビニールは開けたままの状態で貯蔵していた．内モンゴルのような乾燥した地域でこのような貯蔵を行うと，空気に触れる表面部分はすぐに乾燥してしまい，また内部に空気が浸透してしまうため，サイレージ発酵が阻害され良質なサイレージ生産は望めない．実際，サイレージの一部が腐敗してしまっているケースもみられた（図 7-9）．今後は，バンカーサイロをビニールで覆うだけでなく，サイレージを小分けにしたうえで発酵させるか，とうもろこし茎葉部の乾草を給与するなど，当該地域に適した飼料の生産・貯蔵技術の指導が必要であるといえる．

最後に，図 7-3 で示したように，農家の裁量に任されている配合飼料および粗飼料の購入，精液の購入を伊利の管理下に置き一元化した生産体系を構築することである．今後，本章で取り上げたような園区を生産拠点とするならば，農家にとって最も有益であった立替支払いの制度を有効活用した生産体系の構築が望まれる．そのなかで，粗飼料の品質格差を是正するために，伊利が粗飼料の生産基

図 7-9　サイレージの貯蔵

地を所有し，粗飼料の生産・販売を行うこと，また，園区での飼養頭数の限界への方策として，高品質な生乳生産を可能とする精液および種付けの管理による育種計画を実施し，生乳の生産調整を可能にしていくことなど，現在農家が抱えている問題に対応した生産体系の構築が重要であると考える．

本章では，中国酪農生産において内モンゴルに着目し，その生産における乳業メーカーと酪農経営との取引関係およびリスク管理の現状についてみてきた．2008年9月に起こったメラミン事件は，本章で述べたように様々な要因を背景とし発生した．特に，質より量を目指すことに注力し，乳量の増大・短期的な利益を求め，急速に成長した中国酪農の負の側面が表面化された事件であるといえる．中国の酪農生産は，著しい経済成長，乳製品消費の増大に応えるべく生乳生産量の拡大と品質の向上といった2つの問題に対応していかなければならない．今後は，原料乳の品質管理を徹底させる施策とともに，酪農生産管理および経営組織のあり方が問われてくるであろう（矢坂 2008）．零細・小規模農家が淘汰され，乳業メーカーを中心とした大規模経営への流れは加速していくことが想定される．その際，メラミン事件の教訓を生かした新たな中国酪農の生産システムの構築が期待される．

注 1)「メラミン事件」は，乳製品全般の原料となる牛乳の品質偽装のために，食品添加など想定外の化学物質メラミンが意図的に混入されたため，中国産乳製品全般の安全性に世界的規模の大きな影響を及ぼす事態となった事件である．この事件の影響と中国政府の対応については，徐ら（2010）も参照されたい．

注 2）戴・矢野（2013）は，LL 牛乳（超高温滅菌殺殺菌法：135～150℃で 1～4 秒間殺菌を行った牛乳．保存期間は約 1～8 カ月）は常温長期保存のため冷蔵設備が不要であり，流通経費を削減することができ，酪農・乳業が発達していない地域へも牛乳を配送することができること，また常温保存による利便性および調味による品目の多様化などの特徴を有しているため，消費者に好まれていることを指摘している．

注 3）たとえば，企業は農家がホルスタイン種の乳牛を購入する場合，一頭当たり 3,000 元の補助金の支給を行っていた．

注 4）伊利はフフホト市にもう一つ牧場園区を所有している．その園区では，放牧と有機飼料を中心とした飼養管理を行っており，主にプレミア商品の製造のために牛を管理している．

注 5）メラミン事件の時には，伊利の関連飼料会社が 2 ヶ月間閉鎖したために，農家は他の飼料会社からこれまでより高価な飼料を購入するしかない状況となった．B 氏の経営では，配合飼料を購入するために現金をすべて使い果たしてしまい，とうもろこしサイレージや補助飼料を購入する現金が残っていなかった．そのため，B 氏は給与飼料を購入する現金獲得のために，乳牛を売却せざるを得ない状況となった．

注 6）2009 年の乳価では，乳蛋白率により 4 段階のプレミアムが付けられていた．最も乳蛋白率が低い 2.80～2.85%までが 2.31 元，以降，乳蛋白率が 0.05%上昇するごとに乳価が 0.1 元増加する．2.95%を超えると最もランクが高くなり，乳価は 2.61 元となる．また，伊利の関連会社の配合飼料を給与している場合，乳価 1kg 当たり 0.2 元の補助金が加算される．

引用文献

朝克図・草野栄一・中川光弘（2006）：「中国内蒙古自治区における龍頭企業の展開にともなう農村経済の変容―フフホト市における乳製品メーカーと酪農家の対応を事例として―」，『開発学研究』，16（3），pp.55-62.

長命洋佑・呉　金虎（2010）：「中国内モンゴル自治区における私企業リンケージ（PEL）型酪農の現状と課題―フフホト市の乳業メーカーと酪農家を事例として―」，『農林業問題研究』，46（1），pp.141-147.

戴容秦思・矢野　泉（2013）：「中国地方都市における地場牛乳流通構造の変容と課題：雲南省昆明市を事例に」，『流通』，32，pp.1-15.

長谷川敦・谷口　清・石丸雄一郎（2007）：「急速に発展する中国の酪農・乳業」，『畜産の情報』，209，pp.73-116.

長谷川敦・谷口　清（2010）:「中国をリードする内蒙古の酪農・乳業」, 独立行政法人農畜産業振興機構編『中国の酪農と牛乳・乳製品市場』, pp.31-56, 農林統計協会.

北倉公彦・孔　麗（2007）:「中国における酪農・乳業の現状とその振興」,『北海学園大学経済論集』, 54（4）, pp.31-50.

薩日娜（2007）:「内モンゴル半農半牧地区における酪農業の現状と展望」,『農業経営研究』, 45（1）, pp.103-108.

新川俊一・岡田　岬（2012）:「変貌する中国の酪農・乳業～メラミン事件以降の情勢の変化と今後の展望～」,『畜産の情報』, 267, pp.60-74.

谷口　清（2008）:「中国における最近の酪農・乳業政策～大規模経営への集約, 量から質へ～」,『畜産の情報』, 227, pp.73-82.

矢坂雅充（2008）:「中国, 内モンゴル酪農素描―酪農バブルと酪農生産の担い手の変容―」,『畜産の情報』, 230, pp.64-84.

渡邊真理子（2008）:「メラミン混入粉ミルク事件の背景～産業組織からみた分析」, http://www.ide.go.jp/Japanese/Publish/Download/Overseas_report/pdf/0810_mwatanabe.pdf , 2016年8月30日確認.

烏雲塔娜・福田　晋（2009）:「内モンゴルにおける生乳の流通構造と取引形態の多様化」,『九州大学大学院農学研究院学芸雑誌』, 64（2）, pp.161-168.

徐　芸・南石晃明・周　慧・曾　寅初（2010）:「中国における粉ミルク問題の影響と中国政府の対応」,『九州大学大学院農学研究院学芸雑誌』, 65（1）, pp.13-21.

第8章　牛乳消費に対する食料リスク
—牛乳の安全性・リスクに対する意識—

1. はじめに

改革開放以降，中国は急速な経済成長を遂げてきた．そうした中，酪農生産は著しい発展を遂げている．元来，中国の家庭では，牛乳はほとんど飲まれなかったが，現在は多くの家庭で飲まれるようになっている．特に2000年前後より，経済発展による所得向上や生活水準の向上に伴う食生活の多様化，中央政府や地方政府などによる牛乳・乳製品の栄養価値に関する普及・啓蒙活動などの影響により，都市部を中心に生乳・乳製品などの動物性蛋白質の消費が増加している．またその一方で，酪農・乳業生産を三農問題の解決に向けた手段および農家の所得獲得の方策として，中央および地方政府は酪農生産を推奨している．そうした中国の酪農生産において，著しい成長をみせているのが内モンゴルである．

中国の酪農生産は，内モンゴルを中心とし，2000年以降著しい成長をみせていたが，2008年に発生したメラミン事件により，酪農生産における生産管理体制が問われることとなった．2008 年の 6 月以降，三鹿集団製の粉ミルクを飲んだ乳児 14 人が腎臓結石になり，その原因がメラミンであることが明らかになった．その後，蒙牛集団，光明集団，伊利集団といった中国を代表する乳業メーカーの牛乳および乳製品からもメラミンが検出された．この事件は，中国国内で食の安全に対する不安が騒がれるだけでなく，中国製品に対する国内外の消費者の信頼を大きく損なう事件となった．メラミン事件以降，牛乳・乳製品の安全性に対するリスクを関心が高まっており，国内消費者は，国産ミルクを買い控える一方，輸入ミルクの購入や海外から個人輸入する傾向が顕著に強くなった（木田・伊佐 2016）．こうした食料リスクに関して，南石（2012）は，食料汚染リスク（食料の安全性に関わるリスク）と，食料不足リスク（食料供給量不足に関わるリスク）とに大別している[注1]．本章では，消費者の関心ごとである食料の安全性が損なわれる食料汚染リスクを取り上げる．

メラミン事件以降，中国政府は，消費者の信頼を取り戻し，安全・安心な酪農生産を行うため，酪農の規模拡大を促進し，規模に応じた中長期的な支援策や食品の安全確保に対する取り組みを実施している．例えば，中国乳業協会は「乳品品質安全工作の強化に関する通知」を発出し，国務院も「乳品質安全監督管理条例」を公布するなど，禁止薬物，添加剤の使用禁止，ステーションでの牛乳検査，乳製品加工企業での原料乳検査など，安全性確保のための体制強化に努めている（北倉ら 2009）．また，乳製品に関する安全問題とその原因については，食品安全の問題は単なる食品自体の問題ではなく，酪農家に関わる諸問題（例えば乳牛の飼育，飼料，防疫等），搾乳ステーションに関わる問題（例えば，牛乳の購入検査，運送等）と加工企業に関わる諸問題とがトータルに関連する問題であり，これらの過程に注意を払うべきである（達古拉 2014）．

これまで，中国の都市部における食生活に関しては，天野ら（2010），佐藤・菅沼（2011），矢澤・常（2013）などの研究蓄積がある．また，牛乳の購買行動や安全性・リスクに対する消費者意識に関しては，銭（2003），徐ら（2010a），渡邊・何（2012），渡邊（2014），佐藤（2015），渡邊（2015a），渡邊（2015b），李ら（2015）の研究蓄積がある．しかし，中国国内最大の酪農生産地域である内モンゴルに焦点を当て，牛乳の安全性・リスクに対する消費者意識を明らかにした研究はまだ少ないといえる．

そこで本章では，内モンゴルの大学生を対象に牛乳の購買行動を明らかにしたうえで，牛乳の安全性・リスクに対する意識を明らかにするとともに，消費拡大に向けた課題について検討することを目的とする．

以下，次節では，アンケート調査に用いた項目と分析方法および回答者の属性について言及する．第 3 節では，アンケートの分析結果を示し，内モンゴルの大学生における牛乳の安全性・リスクに対する意識の特徴を明らかにするとともに，牛乳購入頻度の特性についての検討する．最後，第 4 節では，本章のまとめおよび今後の課題について述べる．

2. 分析に用いたデータおよび分析方法

2-1. アンケート調査に用いた項目と分析方法

目的に接近するにあたり，2016 年 10 月に内蒙古財経大学の大学生および大学院生を対象にアンケート調査を実施した．アンケート調査の設問項目に関しては，徐ら（2010b）および李ら（2015）を参照に作成した．なお，アンケート調査は，大学および大学院の講義において実施した．

分析においては，以下の 3 つの分析を行った．まず，「牛乳の購買行動」，「牛乳の安全性・リスクに対する意識」,「食品安全に関する知識」と性別および牛乳購入頻度との関係を明らかにするためにクロス集計分析を行い，全体的な傾向を把握した.「牛乳の購買行動」に関しては，普段どのような牛乳を購入しているのかに関して，6 つの項目を設定した.「牛乳の安全性に対する意識」では,「牛乳に対する不安意識」,「問題が生じる段階」など 4 つの項目を設定した.「食品安全に関する知識」では，認証制度（無公害食品・緑色食品・有機食品）に対する順位付け，GAP および HACCP の認知度を問う項目を設定した．後者の認知度に関しては,「かなり知っている」から「全く知らない」までの 4 段階評価を設定した.

次いで,「牛乳購入時において重視する項目」と性別および牛乳購入頻度との関係をみるために t 検定を行い，意識の相違を明らかにした.「牛乳購入時において重視する項目」として 10 項目を設定し，それぞれの項目に対して「非常に重視している」から「全く重視していない」までの 5 段階で評価をしてもらった.

最後に,「牛乳購入頻度の特性」を明らかにするために，二項ロジスティック回帰分析（尤度比による変数増加法）を行った．本章で用いた変数増加法は，投入変数のうちスコア値の大きい変数から順にモデルの方程式に投入していく分析法であり，影響度の低い変数による影響を除去する方法である．なお，分析には SPSS22.0 を用いた.

2-2. 回答者の属性

表 8-1 は，アンケート回答者の内訳を示したものである．有効回答数は 292 人（男：女＝57：235）であり，女性が多くなっている．また，学年に関しては，1 年生は 29 人，2 年生は 52 人，3 年生は 125 人，4 年生は 62 人，大学院生は 24 人となっており，3 年生が多くなっているのが特徴である．なお，回答者は，アンケート回答時において, 一度は牛乳を飲んだことのある学生が対象となっている.

以下，牛乳の購買頻度の結果について見ていくこととする．全体の傾向を見てみると,「ほぼ毎日」「週に 4 回以上」と頻繁に牛乳を購入している学生は全体の 2 割強を占めていた．また,「週に 1～2 回程度」の学生は 3 割程度であった．その一方で,「月に 1 回以下」とほとんど牛乳を購入しない学生も 2 割程度いた．次いで，性別ごとの特徴を見ると，男性の方が相対的に購入頻度は高く，女性は週に数回購入する割合は少なく, 月に 2 回以下の頻度が 5 割弱を占めていた. なお，本章ではこれらの学生回答者のうち，牛乳を週一回以上購入し消費する学生を常飲者，そうでない学生を非常飲者と呼ぶこととする.

表 8-1　アンケート回答者の内訳

	全体		男性		女性	
	292	(100.0)	57	(100.0)	235	(100.0)
1. 学年						
1 年生	29	(9.9)	5	(8.8)	24	(10.2)
2 年生	52	(17.8)	8	(14.0)	44	(18.7)
3 年生	125	(42.8)	21	(36.8)	104	(44.3)
4 年生	62	(21.2)	18	(31.6)	44	(18.7)
大学院生	24	(8.2)	5	(8.8)	19	(8.1)
2. 購入頻度						
ほぼ毎日	30	(10.3)	7	(12.3)	23	(9.8)
週に 4 回以上	31	(10.6)	12	(21.1)	19	(8.1)
週に 1 ～2 回	92	(31.5)	15	(26.3)	77	(32.8)
月に 1 ～2 回	80	(27.4)	17	(29.8)	63	(26.8)
月に 1 回以下	59	(20.2)	6	(10.5)	53	(22.6)
3. 牛乳の消費状況						
小学校入学以前	86	(29.5)	21	(36.8)	65	(27.7)
少学校在学時	35	(12.0)	9	(15.8)	26	(11.1)
中学校在学時	39	(13.4)	8	(14.0)	31	(13.2)
高校在学時	67	(22.9)	7	(12.3)	60	(25.5)
大学まで飲んだことがない	65	(22.3)	12	(21.1)	53	(22.6)
4. 月額生活費	230	(100.0)	45	(100.0)	185	(100.0)
1500 元未満	113	(49.1)	17	(37.8)	96	(51.9)
1500～2000 元未満	59	(25.7)	11	(24.4)	48	(25.9)
2000 元以上	58	(25.2)	17	(37.8)	41	(22.2)
平均月額生活費	1426.7		1715.6		1355.6	

出所：アンケート調査結果より筆者作成.

次いで，牛乳を飲み始めた時期（以下，牛乳の消費時期とする）を見てみると，小学校入学以前に 3 割近い学生が牛乳を消費していた．次いで，高校在学時から牛乳を消費するようになった学生が高かった（22.9%）その一方で，大学まで牛乳をほとんど飲んだことがない学生も 2 割程度いた．性別で見てみると，男子学生の方が早い時期から牛乳を消費していた．また，学生の月額生活費を見てみると，1,500 元未満の学生が全体の半数を占めており，男性の方が平均生活費は高い傾向にあった．

3. 分析結果と考察

3-1. 牛乳の購買行動

表 8-2 は，牛乳の購買行動に関する結果を示したものである．牛乳の購入場所としては，「スーパー」で購入する学生が最も多く 71.2%と高い割合を占めていた．この傾向は，性別および購入頻度においても同様であった．なお，「スーパー」以外の購入場所に関して性別の違いを見てみると，男子学生は「コンビニ」の割合が高く，女子学生は「決まっていない」の割合が高い傾向がみられた．また，購入頻度では，常飲者は「コンビニ」での購入が，非常飲者は購入場所が「決まっていない」との回答割合が高かった．これらの結果は，街中のスーパーで牛乳を購入していることが想定されるが，大学内にも小型のスーパーが営業している．学生にとっては，近くて便利な場所にスーパーがあるため，牛乳の購入場所となっていることが結果に結びついたと考える．

購入する牛乳の容量に関する結果を見てみると，最も回答割合が高かったのは「250ml（55.8%）」の牛乳であった．次いで，高かったのが「250ml 未満（17.5%）」であり，これらで 7 割以上を占めていた．その他「決まっていない」学生も 14.0%いた．性別の違いでみると，男子学生の方が小容量の牛乳を購入する傾向がみられた．また，購入頻度に関しては，常飲者の方が小容量の牛乳を購入する傾向にあった．フフホト市内のスーパーでは，図 8-1 に示すように，一口サイズの牛乳から 1L サイズの牛乳まで様々な形態の牛乳が販売されている．味に関してもコーヒー牛乳やブルーベリー味，ストロベリー味の牛乳など，バラエティに富んだ商品ラインナップとなっている．本章の結果は，図 8-1 にあるように 250ml の牛乳が箱に詰められて販売されているため，学生もこうした牛乳を箱買いしていることが考えられる．

図 8-1　フフホト市内のスーパーでの牛乳販売の様子

牛乳の消費期限に関しては，

表 8-2　牛乳の購買行動

	全体	性別		購入頻度	
		男子学生	女子学生	常飲者	非常飲者
	292 (100.0)	57 (100.0)	235 (100.0)	153 (100.0)	139 (100.0)
1. 購入場所					
スーパー	208 (71.2)	38 (66.7)	170 (72.3)	109 (71.2)	99 (71.2)
コンビニ	42 (14.4)	12 (21.1)	30 (12.8)	25 (16.3)	17 (12.2)
宅配	3 (1.0)	2 (3.5)	1 (0.4)	3 (2.0)	0 (0.0)
専門店	5 (1.7)	1 (1.8)	4 (1.7)	4 (2.6)	1 (0.7)
決まっていない	34 (11.6)	4 (7.0)	30 (12.8)	12 (7.8)	22 (15.8)
2. 牛乳の容量					
250ml 未満	51 (17.5)	13 (22.8)	38 (16.2)	31 (20.3)	20 (14.4)
250ml	163 (55.8)	29 (50.9)	134 (57.0)	86 (56.2)	77 (55.4)
251～500ml	32 (11.0)	9 (15.8)	23 (9.8)	15 (9.8)	17 (12.2)
501～1000ml	5 (1.7)	3 (5.3)	2 (0.9)	3 (2.0)	2 (1.4)
決まっていない	41 (14.0)	3 (5.3)	38 (16.2)	18 (11.8)	23 (16.5)
3. 消費期限					
48 時間以内	29 (9.9)	8 (14.0)	21 (8.9)	20 (13.1)	9 (6.5)
1 週間以内	46 (15.8)	10 (17.5)	36 (15.3)	36 (23.5)	10 (7.2)
30 日以内	176 (60.3)	31 (54.4)	145 (61.7)	83 (54.2)	93 (66.9)
6 か月以内	12 (4.1)	3 (5.3)	9 (3.8)	5 (3.3)	7 (5.0)
6 カ月以上	4 (1.4)	1 (1.8)	3 (1.3)	2 (1.3)	2 (1.4)
決まっていない	25 (8.6)	4 (7.0)	21 (8.9)	7 (4.6)	18 (12.9)
4. 牛乳の種類					
成分無調整牛乳	174 (59.6)	37 (64.9)	137 (58.3)	93 (60.8)	81 (58.3)
成分調整牛乳	32 (11.0)	6 (10.5)	26 (11.1)	16 (10.5)	16 (11.5)
乳飲料	20 (6.8)	6 (10.5)	14 (6.0)	12 (7.8)	8 (5.8)
決まっていない	66 (22.6)	8 (14.0)	58 (24.7)	32 (20.9)	34 (24.5)
5. 殺菌方法					
低温殺菌	86 (29.5)	16 (28.1)	70 (29.8)	49 (32.0)	37 (26.6)
高温殺菌	100 (34.2)	24 (42.1)	76 (32.3)	53 (34.6)	47 (33.8)
決まっていない	106 (36.3)	17 (29.8)	89 (37.9)	51 (33.3)	55 (39.6)
6. 認証表示の有無					
あり	188 (64.4)	39 (68.4)	149 (63.4)	107 (69.9)	81 (58.3)
なし	21 (7.2)	10 (17.5)	11 (4.7)	11 (7.2)	10 (7.2)
決まっていない	83 (28.4)	8 (14.0)	75 (31.9)	35 (22.9)	48 (34.5)

出所：アンケート調査結果より筆者作成.

最も回答が多かったのが「30 日以内 (60.3%)」であり，全体の 6 割を占めており，次いで「1 週間以内（15.8%)」が高い割合であった．一方，「6 カ月以内」および「6 カ月以上」の回答は相対的に少なかった．性別の違いでは，男子学生は「48

時間以内」の牛乳を購入する割合が高い傾向にあった．常飲者・非常飲者の傾向に関しては，常飲者ほど，消費期限の短い牛乳を購入する傾向が見られ，非常飲者は「決まっていない」との回答割合が高かった．

購入する牛乳の種類に関しては,「成分無調整牛乳」を購入すると学生が 6 割近い割合を占めていた（59.6%）.「成分調整牛乳」と「乳飲料」を購入する回答はそれぞれ 11.0%，6.8% と低い割合であった．その一方で，2 割強の学生は購入する牛乳の種類は「決まっていない」と回答していた．また，性別による違いを見ると，男子学生は「乳飲料」を購入する割合が高く，女子学生は「決まっていない」と回答した割合が高かった. 常飲者・非常飲者の傾向に関しては, 全体の傾向に近いものであった.

図 8-2　品質基準を満たした牧場で生産されたことを表示した牛乳

殺菌方法に関して見てみると，全体では「低温殺菌（29.5%）」,「高温殺菌（34.2%）」,「決まっていない（36.3%）」となっており，特別な傾向はみられなかった．性別の違いで見てみると，男子学生で「高温殺菌（42.1%）」を購入する割合が高かった. 常飲者・非常飲者の傾向に関しては, 全体の傾向と同様であった.

認証表示の有無に関して見てみると，全体の傾向としては，図 8-2 にあるような認証表示のある牛乳を購入する学生は 6 割強を占めていた．その一方で,「決まっていない」学生は 3 割弱いた．性別の違いを見ると，男子学生で「認証表示なし（17.5%）」の牛乳を購入する割合が高く, 女子学生は「決まっていない（31.9%）」割合が高い傾向がみられた．常飲者・非常飲者に関しては，常飲者は「認証表示あり（69.9%）」の牛乳を購入する割合が高く，非常飲者は「決まっていない」割合が高い傾向にあった.

3-2. 牛乳の安全性・リスクに対する意識

表 8-3 は，牛乳の安全性・リスクに対する意識の結果を示したものである．まず,「牛乳に対する意識」に関する結果を見ていくと,「かなり不安（32.5%）」･「やや不安（33.2%）」と牛乳に対して何らかの不安を感じている学生は 6 割を超えていた．その一方で,「全く不安はない」と感じている学生はわずか 3.1% しかおら

表 8-3　牛乳の安全性・リスクに対する意識

	全体	性別		購入頻度	
		男子学生	女子学生	常飲者	非常飲者
	292 (100.0)	57 (100.0)	235 (100.0)	153 (100.0)	139 (100.0)
1. 牛乳に対する不安意識					
全く不安はない	9 (3.1)	1 (1.8)	8 (3.4)	3 (2.0)	6 (4.3)
あまり不安はない	39 (13.4)	11 (19.3)	28 (11.9)	15 (9.8)	24 (17.3)
どちらともいえない	52 (17.8)	14 (24.6)	38 (16.2)	28 (18.3)	24 (17.3)
やや不安である	97 (33.2)	15 (26.3)	82 (34.9)	50 (32.7)	47 (33.8)
かなり不安である	95 (32.5)	16 (28.1)	79 (33.6)	57 (37.3)	38 (27.3)
2. 問題が最も生じやすい段階					
農場での生乳生産	39 (13.4)	10 (17.5)	29 (12.3)	21 (13.7)	18 (12.9)
農場からメーカーへの輸送	41 (14.0)	8 (14.0)	33 (14.0)	23 (15.0)	18 (12.9)
メーカーでの加工	170 (58.2)	33 (57.9)	137 (58.3)	86 (56.2)	84 (60.4)
メーカーから小売店への輸送	20 (6.8)	4 (7.0)	16 (6.8)	13 (8.5)	7 (5.0)
小売店での販売	12 (4.1)	2 (3.5)	10 (4.3)	8 (5.2)	4 (2.9)
消費者による保管	1 (0.3)	0 (0.0)	1 (0.4)	0 (0.0)	1 (0.7)
わからない	9 (3.1)	0 (0.0)	9 (3.8)	2 (1.3)	7 (5.0)
問題が生じることはない	0 (0.0)	0 (0.0)	0 (0.0)	0 (0.0)	0 (0.0)
3. 牛乳の危険発生要因					
飼料や飲料水の汚染	55 (18.8)	7 (12.3)	48 (20.4)	34 (22.2)	21 (15.1)
薬品や飼料添加物の残留	124 (42.5)	24 (42.1)	100 (42.6)	67 (43.8)	57 (41.0)
細菌繁殖	31 (10.6)	7 (12.3)	24 (10.2)	15 (9.8)	16 (11.5)
違法添加物	69 (23.6)	18 (31.6)	51 (21.7)	29 (19.0)	40 (28.8)
その他	8 (2.7)	1 (1.8)	7 (3.0)	6 (3.9)	2 (1.4)
わからない	5 (1.7)	0 (0.0)	5 (2.1)	2 (1.3)	3 (2.2)
問題が生じることはない	0 (0.0)	0 (0.0)	0 (0.0)	0 (0.0)	0 (0.0)
4. 安全性の判断基準					
メーカー・ブランド	43 (14.7)	11 (19.3)	32 (13.6)	22 (14.4)	21 (15.1)
製造年月日・消費期限	174 (59.6)	27 (47.4)	147 (62.6)	80 (52.3)	94 (67.6)
栄養成分	13 (4.5)	5 (8.8)	8 (3.4)	9 (5.9)	4 (2.9)
認証表示の有無	55 (18.8)	13 (22.8)	42 (17.9)	36 (23.5)	19 (13.7)
価格	2 (0.7)	1 (1.8)	1 (0.4)	2 (1.3)	0 (0.0)
販売場所	5 (1.7)	0 (0.0)	5 (2.1)	4 (2.6)	1 (0.7)

出所：アンケート調査結果より筆者作成.

ず,「あまり不安はない（13.4%）」を合わせても 2 割に達しない結果であった.性別の違いで見ると，男子学生において「あまり不安でない（19.3%）」と感じている割合が相対的に高く，女子学生では何らかの不安を持っている割合が高かった．常飲者・非常飲者では，常飲者ほど何らかの不安意識を持っていることが示された.

中国では，急速な経済発展とともに食生活の多様化，高度化および洋風化が進展している．その一方で食品市場において不充分な規制や不適正な競争などの問題が顕在化している．その結果，メラミン事件など，食品の安全性を損なう事件が多発しており，消費者の食品に対する不安や懸念が高まっている．曽（2010）は，メラミン事件発生後，牛乳の安全リスクが非常に高いと認識する消費者の割合が高くなったこと，また事件が発生した一週間で，牛乳の消費額・消費量は発生する前の約半分まで減少したことを指摘している．徐ら（2010a）は，メラミン事件前後の2008年7月と9月に牛乳の安全性に対する意識調査を行っているが，「かなり安全である」，「やや安全性がある」と回答した消費者はそれぞれ，30%から1%へ，48%から20%へと大幅に減少したことを指摘している．メラミン事件後，中国政府は，国内における牛乳の安全性確保に向け，衛生管理や規制体制の強化に取り組んできた．しかし，本章の結果は，未だに牛乳の安全性への信頼は回復していないことを示唆するものであるといえる．

李ら（2015）が2012年に北京市および上海市の消費者を対象に行った同様のアンケート[注2)]では，「かなり・やや不安を持っている」と回答した消費者の割合は12.9%であり，消費者の信頼回復傾向が見られ，本章とは異なる結果であった．この結果の相違としては，李ら（2015）の調査対象は，30代以上の年齢層が6割を占めていたが，本章におけるアンケートの回答者は，大学生および大学院生であり，年齢層の違いが一因であると考える．メラミン事件が発生した2008年当時，本章の回答学生らは小学生から中学生であったと想定され，幼いころに行った事件であったため牛乳への不信感が深く残っていることが結果に影響したと考える．また，内モンゴルは中国一の酪農生産地域であるとともに，伊利や蒙牛といった中国を代表する乳業メーカーの本社がある．都市部とは異なり，身近な環境に酪農生産が存在している地域性も結果に影響している可能性が示唆された．

次いで，「問題が最も生じやすい段階」に対する回答を見ると，「メーカーでの加工」が58.2%と，最も問題が生じやすい段階であると考えていた．次いで，「農場からメーカーへの輸送（14.0%）」，「農場での生産（13.4%）」の割合が高かった．徐ら（2010a）は，本章と同様の調査において，問題が生じる段階として，「牧場での生乳生産段階」が34%，「乳業メーカーでの加工段階」が34%，「輸送の段階」が10%，「小売店での保管・販売段階」が12%であったことを明らかにしている．また，メラミン事件の主要な原因は，原料乳集荷の段階での生産加工部門の職員が大量のメラミンを牛乳の品質偽装のために添加剤として使用したことであり，牛乳にメラミンが混入されたのは，主に牧場やミルクステーション（共同搾乳施設）などのミルク生産・加工段階であることを指摘している．その一方で，李ら

（2015）は本章と異なる結果として，問題が生じる段階として「メーカーから小売店への輸送（32.6%）」を挙げており，近年，食品産業の発展とともに，保存料や甘味料，着色料，香料など，乳製品の加工・保存の目的に添加剤が過剰に使用されており，製造過程または食品加工に対する事業者と消費者との情報の非対称性が生じている可能性を指摘している．その他，興味深い結果が示されたのは「問題が生じることはない」と考えている学生は存在しなかったことである．学生の間では，牛乳生産に関して，生産の段階において何らかのリスクが発生する可能性があることを認識し，牛乳を購入・消費していることが示唆された．

以上の結果より，牛乳生産において生じる問題は，より生産現場に近い段階で生じると考えている傾向がみられた[注3]．現在，内モンゴルでは乳製品の品質自体の問題に加え，乳製品の中への異物混入により人々の健康に悪影響を及ぼす問題が顕在化しており，その背後に安全性に対する情報の非対称性の問題が存在し，情報公開を行っていくことが重要であると達古拉（2014）は指摘している．また，何ら（2011）は，牛乳の品質や安全に対する乳流通経路の組織間関係より，乳業メーカーは小売業に対して，消費者と直接向き合う役割分担を実行するような組織関係を確立していくことが重要であると述べている．

畜産物を含む食の安全・安心を脅かす危害因子（ハザード）の混入には，中国産冷凍ギョーザや大手食品会社冷凍食品への農薬混入のように，社員が意図的に犯した事件やテロリズムなど防ぎ難い事例もあるが，多くの場合，生産から加工・流通・販売・喫食に至る過程において意図しない混入やヒューマンエラーによって起こる．従って，フードチェーンにおける品質管理および衛生管理を徹底することで，これらハザードを未然に防ぎ，さらにそれらの管理プロセスとその結果を透明化することで，消費者からの信頼，安心を得なければならない（関崎 2014）．

また，牛乳の危険発生要因に関しては，「薬品や飼料添加物の残留（42.5%）」が最も多く，安全性に問題が生じる要因であると考えていることが明らかとなった．この結果は，牛乳飼養の段階において発生する危険であるとの認識であり，先の設問と同様に，より生産現場に近い段階で問題が生じると考えているといえる．次いで，「違法添加物（23.6%）」および「飼料や飲料水の汚染（18.8%）」の順で高い割合を示していた．性別ごとに見てみると，男子学生では「違法添加物（31.6%）」，女子学生では「飼料や飲用水の汚染（20.4%）」と異なる要因で割合が高かった．さらに，常飲者・非常飲者の回答を見てみると，常飲者では「飼料や飲用水の汚染（22.2%）」の割合が高く，非常飲者では「違法添加物（28.8%）」

の割合が高い傾向がみられた．メラミン事件以降，様々な安全性確保に関する政策，法規を講じてきたが，「薬品や飼料添加物の残留」および「違法添加物」に対する割合が高かったことは，消費者に対する信頼が未だに回復していないことを示す結果であるといえる．

最後に，牛乳を購入する際の安全性の判断基準に関しては，「消費期限（59.6%）」が6割近い回答割合を示していた．次いで，「認証表示の有無（18.8%）」，「メーカー・ブランド（14.7%）」の順で回答が高かった．性別の違いをみると，男子学生では「認証表示の有無（22.8%）」および「メーカー・ブランド（19.3%）」を安全性の判断基準としている割合が高かった．また，常飲者・非常飲者では，常飲者は「認証表示の有無（23.5%）」の割合が高かったが，非常飲者は全体の傾向と同様であった．これらの結果より，牛乳の購入・消費において，学生はより新鮮な牛乳ほど安全であると評価するとともに，認証表示より品質の安全性を評価していることが示唆された．そうした背景には，蒙牛や伊利など大手乳業メーカーなどにおいて安全性を損なうメラミン事件が発生したことが影響していると考える．そして，現在もなお事件の影響は残っているため，安全性の判断基準として，ブランドは低い評価となっていると考える．

3-3．食品安全に関する知識[注4)]

表8-4は，農産物認証制度の品質安全に対する順位の結果を示したものである．全体の傾向を見てみると，「緑色食品」が最も安全であると考えていることが明らかとなった．次いで，「有機食品」の割合が高く，最も順位の低かったのは「無公害食品」であった．性別の違いを見てみると，「有機食品」の順位に対して，相対的に男子学生は高い評価をしており，女子学生は低い評価をしている傾向が見られた．また，購入頻度による違いを見てみると，「有機食品」に対して常飲者は高い評価をしており，非常飲者の順位は低いものであった．その一方で，「無公害食品」に関しては，常飲者の評価が低く，非常飲者の評価が相対的に高い傾向にあった．

日本では有機栽培，特別栽培，減農薬栽培，エコファーマー，慣行栽培などさまざまな基準で栽培される食品が混在しているが，中国も同様に「有機食品」，「緑色食品」，「無公害食品」，「普通食品」が混在している（甲斐 2010）．中国農業部は2005年に「無公害農産物，緑色食品および有機農産物の発展に関する意見」を発表し，無公害食品，緑色食品および有機食品を「三位一体的に全体を推進する」

表 8-4　農産物認証制度の品質安全に対する順位

	全体	性別		購入頻度	
		男子学生	女子学生	常飲者	非常飲者
1. 有機食品	278 (100.0)	51 (100.0)	227 (100.0)	146 (100.0)	132 (100.0)
1 位	72 (25.9)	16 (31.4)	56 (24.7)	44 (30.1)	28 (21.2)
2 位	96 (34.5)	19 (37.3)	77 (33.9)	53 (36.3)	43 (32.6)
3 位	110 (39.6)	16 (31.4)	94 (41.4)	49 (33.6)	61 (46.2)
2. 緑色食品	285 (100.0)	53 (100.0)	232 (100.0)	146 (100.0)	139 (100.0)
1 位	177 (62.1)	34 (64.2)	143 (61.6)	90 (61.6)	87 (62.6)
2 位	92 (32.3)	15 (28.3)	77 (33.2)	48 (32.9)	44 (31.7)
3 位	16 (5.6)	4 (7.5)	12 (5.2)	8 (5.5)	8 (5.8)
3. 無公害食品	273 (100.0)	49 (100.0)	224 (100.0)	140 (100.0)	133 (100.0)
1 位	43 (15.8)	7 (14.3)	36 (16.1)	19 (13.6)	24 (18.0)
2 位	86 (31.5)	15 (30.6)	71 (31.7)	40 (28.6)	46 (34.6)
3 位	144 (52.7)	27 (55.1)	117 (52.2)	81 (57.9)	63 (47.4)

出所：アンケート調査結果より筆者作成.

との発展戦略を提示した．これら三品の目標に関して，趙（2009）および王・吉田（2015）は以下のように整理している（表 8-5）．以下，抜粋する形で三品の目標および概念を見ていく．無公害食品の目標は，農業生産規範となること，基本的な食品安全を保証し一般的な消費者のニーズを満たすことにある．すなわち，一定程度の食品の安全と品質を重視するが，他の 2 つに比べるとその基準は高くないといえる．緑色食品の目標は，生産水準を高め，食品安全を保証し，良質・高栄養などの高いニーズを満たし，農産物市場の競争力を高めることである．有機食品の目標は，より良い生態環境を維持し，海外市場のニーズを満たすことである．すなわち，農業生産において環境汚染を低減するとともに，人と自然が調和する生態システムを構築し，生物の多様性確保と資源の持続的利用を促進することを想定している．渡邊・何（2012）は，これまで以上に食品の安全性に対するニーズが高まれば，消費者の信頼を得る上で，高品質・高付加価値化が進むだけでなく，牛乳消費拡大を背景とした企業間競争から品質格差による価格競争の二極化が進むことを示唆しており，低価格商品に対する品質向上の重要性を指摘している．

表 8-6 は，ChinaGAP（以下，GAP とする）および HACCP の認証制度に対する認知度の結果を示したものである．認知度に関しては，GAP を「全く知らない（36.6%）」学生が 4 割弱であり，3 割以上の学生は「あまり知らない（30.1%）」

表 8-5　無公害農産品，緑色食品，有機農産物の特性

<table>
<tr><th>項目</th><th>無公害食品</th><th colspan="2">緑色食品</th><th>有機食品</th></tr>
<tr><td rowspan="2">概念 [1)]</td><td rowspan="2">「無公害農産品」とは，産地の環境，生産プロセス及び産品の品質が関係する国家標準及び規範の要件を満たすことにより認証を受け，無公害農産品の表示を許可するもの．</td><td colspan="2">「緑色食品」は，A 級，AA 級緑色食品に分けられて，生産地の環境が「緑色食品産地環境基準」に適合している．</td><td rowspan="2">有機農産物とは，有機農業の原則に基づいて，化学合成された農薬，化学肥料，食品添加剤などを一切使用せずに，有機認証された農産物．</td></tr>
<tr><td>A 級緑色食品は生産中に許容限度内の量，時間，種類で安全性の比較的高い化学合成物質を使用しているもの．</td><td>AA 級緑色食品は生産過程で，化学合成された農薬，肥料などを一切使用しないもので，有機食品の標準とほぼ等しい．</td></tr>
<tr><td>背景 [1)]</td><td>食糧供給が過剰になり，残留農薬，食品中毒など食品安全性の問題が発生した．</td><td colspan="2">一部の消費者がより高品質な農産物の生産を求める．</td><td>国際輸出，国内中間層に向けて広がっている．</td></tr>
<tr><td>目標 [2)]</td><td>農産物生産規範であり，基本的な食品安全を保証し，一般的な消費者ニーズを満たす．</td><td colspan="2">生産水準を高め，高いニーズを満たし，農産物の市場競争力を高める．</td><td>より良い生態環境を維持し，海外市場のニーズを満たす．</td></tr>
<tr><td>製品の品質レベル [2)]</td><td>中国の一般的な農産物の品質のレベルを代表し，基準は国内の一般的な食品の基準に相当する．</td><td colspan="2">先進国の食品の品質レベルに相当する．緑色食品の基準は欧州の EECNO02092/91 国際有機農業運動連盟（IFOAM）の有機製品の基本原則，FAO/WHO の合同食品規格委員会の有機食品の基準を参照し，中国の実状に合わせて制定された．</td><td>米国の有機食品基準や日本の JAS 法や欧州の EECNO02092/91 に相当し，緑色食品より厳しい．</td></tr>
<tr><td>生産方式 [2)]</td><td>生産過程で国内の無公害食品に関する基準を遵守し，化学合成資材の種類，使用期間と数量を制限して使う．</td><td colspan="2">生産，加工過程で特定の生産の作業基準を遵守し，化学投入品を減らす．そのうち，A 級緑色食品は化学合成資材を限定的に使用する．また，AA 級緑色食品の過程では，化学合成資材を使用せず，製品は 3 年の過渡期を必要とする．</td><td>有機農業の生産方式を使用し，生産過程で化学合成資材と遺伝子組み換えを使用しない．製品は一定の転換期間を必要として，転換期間の間に生産される製品は有機転換製品という．</td></tr>
<tr><td>日本の農産物の場合 [1)]</td><td>慣行農産物に相当．</td><td>特別栽培農産物に相当．</td><td colspan="2">有機農産物に相当．</td></tr>
</table>

資料：表中，1）は王・吉田（2015）より，2）は趙（2010）より転写．

と回答している．一方で，「かなり知っている・やや知っている」回答者は合計して 3 割強であった．この結果より，GAP の認知度は低く，学生にはあまり浸透していないことが明らかとなった．

表8-6　GAPおよびHACCPに対する知識

	全体	性別		購入頻度	
		男子学生	女子学生	常飲者	非常飲者
	292 (100.0)	57 (100.0)	235 (100.0)	153 (100.0)	139 (100.0)
1. GAPの認知度					
かなり知っている	18 (6.2)	9 (15.8)	9 (3.8)	15 (9.8)	3 (2.2)
やや知っている	44 (15.1)	14 (24.6)	30 (12.8)	64 (41.8)	11 (7.9)
あまり知らない	138 (47.3)	25 (43.9)	113 (48.1)	33 (21.6)	74 (53.2)
全く知らない	92 (31.5)	9 (15.8)	83 (35.3)	41 (26.8)	51 (36.7)
2. HACCPの認知度					
かなり知っている	30 (10.3)	11 (19.3)	19 (8.1)	21 (13.7)	9 (6.5)
やや知っている	67 (22.9)	21 (36.8)	46 (19.6)	48 (31.4)	19 (13.7)
あまり知らない	88 (30.1)	12 (21.1)	76 (32.3)	45 (29.4)	43 (30.9)
全く知らない	107 (36.6)	13 (22.8)	94 (40.0)	39 (25.5)	68 (48.9)

出所：アンケート調査結果より筆者作成.

GAP（Good Agricultural Practice）の訳語としては，農場における「適正農業規範」の訳がわが国では定着している．農業生産に伴う多様なリスクを把握し，具体的な対処方策を規則化して，それを営農活動で実践することが求められている（田上ら 2008）．中国では2003年4月，国家認証認可監督管理委員会（CNCA：Certification and Accreditation Administration of the People's Republic of China）が中国独自のGAPの作成に，そして2004年にGAP基準の作成を開始した（陳・横川 2007）．その後，2005年11月には中国国家標準委員会の審議を経て，同年12月31日にGAPの国家基準が定められた．2006年1月24日には，「良好農業規範認証の実施規則」が公布され，同年5月に認証が開始された（徐ら 2010c）．中国におけるGAPの性質は，農業認証制度であり，GLOBALGAPの影響を強く受けているといえる（南石 2010）．

次いで，HACCPに対する知識に関する結果を見ていく．HACCP（Hazard Analysis Critical Control Point）は，重要な危険因子を生産工程上の重要な管理点で集中的に管理する仕組みである（新山 2010）．中国では，2002年5月に，中国国家認証監督委員会が「食品企業における危害分析と重要管理点監視（HACCP）システム関係を管理する規定」を発布して以降，政府規制・市場ニーズより，中国の食品生産部門に広く応用されるようになった（王 2010）．

HACCP認知度に関しては，「かなり知っている・やや知っている」と回答した学生はそれぞれ10.3%，22.9%と低い割合であった．一方で，「あまり知らない」

と回答した人は26%,「全く知らない」と回答した人は36.6%であった. 李ら(2015)の結果では，GAPの認知度は「かなり知っている・やや知っている」と回答した消費者は15.5%，HACCPの認知度に関しては，「かなり知っている・やや知っている」と回答した消費者は9.4%と低い割合であった．調査時期の2012年以降，認知度が高まっている可能性が示唆されたが，どのような要因で認知度が高まったのかについては今後更なる検討を要する.

3-4. 牛乳購入時において重視する項目

表8-7は，牛乳購入時において重視する項目と性別および常飲者・非常飲者との関係の結果を示したものである. 回答者全体において最も重視していた項目は,「製造年月日・消費期限（4.73)」であった．次いで,「健康（4.62)」,「味（4.24)」,「認証表示（4.18)」,「販売店（4.15)」,「メーカー・ブランド（4.01)」の順で高く，購入時において重視している項目であるといえる．その一方で,「内容量（3.46)」と低い値であり重視されていないことが明らかとなった．牛乳購買時における重要度に関して，渡邊（2015）も「賞味期限」を最も重要視し「内容量」は最も重要視されていない項目であると指摘している.

次いで，性別の相違を見てみると,「製造年月日・消費期限」および「内容量」

表8-7　牛乳購入時において重視する項目

平均値,（）内は標準偏差

	全体	性別		購入頻度	
		男子学生	女子学生	常飲者	非常飲者
	n=292	n=57	n=235	n=153	n=139
製造年月日・消費期限	4.73 (0.74)	4.49 (1.00)	4.78 (0.65)**	4.68 (0.76)	4.78 (0.72)
健康	4.62 (0.77)	4.46 (0.91)	4.66 (0.72)	4.69 (0.70)	4.55 (0.83)
味	4.24 (0.83)	4.14 (0.90)	4.27 (0.81)	4.31 (0.82)	4.17 (0.84)
認証表示	4.18 (1.04)	4.12 (1.00)	4.20 (1.05)	4.35 (0.90)	4.00 (1.15)***
販売店	4.15 (0.89)	4.00 (0.93)	4.19 (0.88)	4.26 (0.83)	4.03 (0.95)**
メーカー・ブランド	4.01 (0.89)	4.04 (0.96)	4.01 (0.87)	4.08 (0.88)	3.94 (0.90)
栄養成分	3.97 (0.98)	4.12 (0.83)	3.94 (1.01)	4.07 (0.95)	3.86 (1.01)*
食事との相性	3.87 (1.09)	3.79 (1.10)	3.89 (1.08)	4.05 (1.02)	3.68 (1.12)***
価格	3.73 (0.94)	3.77 (0.87)	3.72 (0.96)	3.75 (0.95)	3.71 (0.93)
内容量	3.46 (1.00)	3.68 (0.89)	3.40 (1.02)*	3.56 (0.98)	3.35 (1.01)*

注）表中，***は1%，**は5%，*は10%で統計的に有意であることを示している.

において有意差が認められた.「製造年月日・消費期限」に関しては，女子学生の方が重視しており，「内容量」に関しては，男子学生の方が重視していることが明らかとなった．また，購入頻度の違いにおいて有意性が認められたのは，「認証表示」「販売店」「栄養成分」「食事との相性」「内容量」の5つの項目であり，すべての項目において常飲者の方が重視していた．これらの結果より，安全性の判断基準として最も重視されていた「製造年月日・消費期限」を重視しつつも常飲者は，頻繁に牛乳を消費するため，「認証表示」および「販売店」を安全性の指標として重視していることが示唆された．また，「栄養成分」において有意性が認められたことより，常飲者は「健康」を重視しつつ栄養分を摂取する目的で牛乳を消費していること，また，「食事との相性」も考慮し，牛乳を購入していることが考えられた．

3-5. 牛乳購入頻度の特性

表8-8は，牛乳の購入において常飲者と非常飲者の特性を把握することを目的とした二項ロジスティック回帰分析の推定結果を示したものである．モデルの適合性に関しては，Cox-SnellのR^2は，0.141，NagelkerkeのR^2乗は，0.188といずれも小さい値であったが，Hosmer-Lemeshow検定による有意確率は0.499と有意でなかったため，本モデルは適合していると判断した．

表8-8　二項ロジスティック回帰分析の推定結果[1)]

	係数	標準誤差	有意確率	オッズ比
製造年月日・消費期限の重要度	-0.451	0.198	0.023**	0.637
認証表示の重視度	0.456	0.141	0.001***	1.578
牛乳消費時期（小学校以前/大学[2)]）	1.650	0.367	0.000***	5.209
牛乳消費時期（小学校在学時/大学[2)]）	0.904	0.445	0.042**	2.469
牛乳消費時期（中学校在学時/大学[2)]）	1.647	0.452	0.000**	5.192
牛乳消費時期（高校在学時/大学[2)]）	0.493	0.375	0.188	1.638
定数	-0.602	0.908	0.507	0.547
モデルの要約	Log Likelihood		359.898	
	Cox-Snell R^2		0.141	
	Nagelkerke R^2		0.188	

注1）変数増減法において，モデルへの投入が見送られた変数は購入時に重視する項目としての「内容量」，「栄養成分」，「価格」，「味」，「ブランド名」，「健康」，「食べ物との相性」，「販売店」および「性別」の9変数であった．
注2）表中の「大学」は「大学までほとんど飲んだことがない」を意味している．
注3）表中，***は1%，**は5%で統計的に有意であることを示している．

牛乳の購入時において重要視している項目や調査対象者の属性等の変数をモデルに組込んだが，分析の結果，有意性が認められた変数は5つであった．1%で有意であったのは，「認証表示の重視度」，「牛乳消費時期（小学校以前）」，「牛乳消費時期（中学校以前）」であり，「製造年月日・消費期限の重要度」は5%で有意であった．また，「製造年月日・消費期限の重要度」を除くすべての変数のオッズ比は1以上であった．

これらの結果より，牛乳の購入頻度の高い学生の特徴として，次の3点が挙げられる．第一に，牛乳の常飲者の特徴として，製造年月日および消費期限を重要視していない学生であったことが明らかとなった．この結果は，表8-8において非常飲者のみならず常飲者も「製造年月日・消費期限」を最も重要視していることを示したが，その結果も考慮すると，牛乳を購入する頻度が高いこと，すなわち，牛乳の消費スピードが速いため，非常飲者ほど重視していないことが，結果に影響したと考える．第二に，牛乳の常飲者の特徴として，牛乳の認証制度の有無を重要視していることが明らかとなった．この結果は，第一の結果と合わせると，常飲者は頻繁に牛乳を飲んでおり，購入頻度が高いからこそ，品質・安全性を重視していることが結果に結びついたと考えられた．第三に，中学校在学時までに牛乳を飲む頻度が高かった学生ほど，飲用頻度が高いことが明らかとなった．

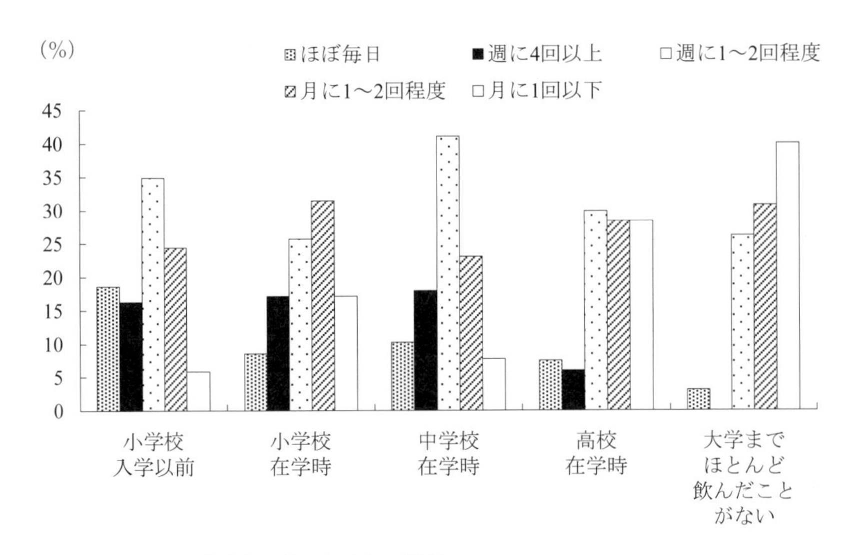

図8-3　牛乳の消費時期と購入頻度との関係

図 8-3 は，牛乳の消費時期と購入頻度との関係を示したものである．小学校以前から中学校在学時と比較的早い時期に牛乳を飲んでいた学生において購入頻度が高いことが明らかとなった. 週 1 回以上牛乳を購入している割合は,「小学校以前」では 69.8%,「小学校在学時」で 51.4%,「中学校在学時」で 69.2%,「高校在学時」では 43.3%,「大学までほとんど飲んだことがない」で 29.2%と，相対的に早期に牛乳を飲んでいた学生ほど，牛乳の購入頻度が高い傾向にあった．牛乳消費の頻度と消費時期との関係に関して，佐藤（2015）は，小学校入学以前の早い時期から牛乳を飲む習慣が形成されている者ほど，継続して牛乳を消費していることを指摘している.

これらの結果より，幼少期に牛乳の飲用を推進することにより，牛乳の購入・消費が継続していく可能性が示唆された．また消費の継続・拡大を図っていくためには，安全性を確保するための認証表示を充実させていくことが有効であると考えられる.

4. おわりに

本章では，中国国内最大の酪農生産地域である内モンゴルに焦点を当て，内モンゴルの大学生を対象に牛乳の購買行動を明らかにしたうえで，牛乳の安全性・リスクに対する意識を明らかにするとともに，消費拡大に向けた課題について検討してきた．分析の結果，以下の 3 点が明らかとなった.

第一に，牛乳購入に対する意識として，6 割以上の学生で「やや不安である・かなり不安である」と回答しており，依然として牛乳消費に対する不信感が高いことが明らかとなった．また同時に，牛乳生産の段階において，何らかのリスクが発生する可能性を意識して, 牛乳の購入・消費を行っていることが示唆された.

第二に，牛乳購入時において重視する項目としては,「製造年月日・消費期限」および「健康」を重視していることが明らかとなった．特に「製造年月日・消費期限」に関しては，女子学生において重視している傾向が見られた．その一方で,「価格」や「内容量」に関しては，あまり重要視されていないことが明らかとなった．また，購入頻度の違いにおいて統計的に有意性が認められたのは,「認証表示」「販売店」「栄養成分」「食事との相性」「内容量」の 5 つの項目であり，すべての項目において常飲者の方が重視していることが明らかとなった.

最後に，幼少期より牛乳を消費していた学生，認証表示を重視している学生において牛乳の購入頻度が高かった．この結果より，幼少期に牛乳の飲用を促すとともに，牛乳の品質や安全性を担保するような認証表示の理解・普及が進めば，牛乳消費の継続性が図れる可能性が示唆された．

今後，中国内モンゴルでの大学進学率は増加していくことが予想されるため，大学生の牛乳消費の動向は，乳業市場に大きな影響を及ぼすものといえる．今回は内モンゴルの大学生を対象にアンケート調査を実施したが，今後は，他地域の学生や主婦層等を対象に牛乳消費に対する意識を明らかにしていくことが必要である．

注 1）農業が関係する主な食料汚染リスクは，食用農産物汚染リスクであり，食品リスクと密接に関連している．食品リスクを我々が許容できる範囲にまで低減させることが，食品安全確保（food safety）にほかならないと南石（2012）は述べている．

注 2）回答者の年齢構成は，「20歳未満」が6%（30人），「20代」が30%（151人），「30代」が26%（131人），「40代」が22%（111人），「50代」が10.9%（55人），「60代以上」が5.1%（26人）と，「30代以上」が全体の64%を占めていた．

注 3）メラミン事件を契機とした酪農経営と乳業メーカーとの取引関係，リスク対応に関しては，長命・南石（2015）に詳しい．

注 4）GAPやHACCPに関しては，南石（2010）に詳しい．

引用文献

天野通子・矢野　泉・高　飛・王　丹陵（2010）:「現代中国における都市住民の食生活に関する一考察:山東省および重慶市での親子アンケートを事例として」,『農業市場研究』, 19（1）, pp.17-23.

陳　廷貴・横川　洋（2007）:「中国におけるGAP導入の取り組みに関する一考察」,『九州大学大学院農学研究院学芸雑誌』, 62（1）, pp.133-141.

銭　小平（2003）:「中国大都市におけるミルク消費嗜好の動向」,『2002年度日本農業経済学会論文集』, pp.406-410.

長命洋佑・南石晃明（2015）:「酪農生産の現状とリスク対応―内モンゴルにおけるメラミン事件を事例に―」, 南石晃明・宋　敏編著『中国における農業環境・食料リスクと安全確保』, 花書院, pp.76-101.

中国国家統計局『中国統計年鑑』, 各年次.

中国乳業年鑑編集部『中国乳業統計資料』, 各年次.

達古拉（2014）:「内モンゴルにおける乳製品に関する主要な安全問題と原因分析」,

『GLOCOL ブックレット』, 16, pp.65-79.

何　海泉・渡邉憲二・茅野甚治郎（2011）:「中国における牛乳流通経路の組織間関係に関する研究－内蒙古蒙牛乳業集団股分有限公司を事例に－」,『農業経営研究』, 49（3）, pp.109-114.

木田秀一郎・伊佐雅裕（2016）:「中国の牛乳・乳製品をめぐる動向～産業構造の変化と今後の国際需給への影響～」,『畜産の情報』, 323, pp.92-107.

甲斐　諭（2010）:「中国における食品の生産と流通の現状」,『モダンメディア』, 56（3）, pp.55-60.

北倉公彦・大久保正彦・孔　麗（2009）:「北海道の酪農技術の中国への移転可能性」,『開発論集』, 83, pp.13-58.

李　東坡・長命洋佑・南石晃明・宋　敏（2015）:「食品安全に対する消費者の意識・行動」南石晃明・宋　敏編著『中国における農業環境・食料リスクと安全確保』, 花書院, pp.52-74.

南石晃明編著（2010）:『東アジアにおける食のリスクと安全確保』, 農林統計出版, 287pp.

南石晃明（2012）:「食料リスクと次世代農業経営―課題と展望―」,『農業経済研究』, 84（2）, pp.95-111.

新山陽子（2010）:「食品安全の考え方と措置の枠組み」, 南石晃明編著『東アジアにおける食のリスクと安全確保』, 農林統計出版, pp.15-36.

農林水産省生産局畜産部畜産企画課（2016）:「畜産の動向」＜http://www.maff.go.jp/j/chikusan/kikaku/lin/l_hosin/attach/pdf/index-81.pdf＞2016 年 11 月 15 日参照.

佐藤敦信（2015）:「中国の若年層における牛乳消費行動と意識―山東省の大学生に対するアンケート調査からの接近―」,『農業市場研究』, 24（2）, pp.25-31.

佐藤敦信・菅沼圭輔（2011）:「中国における食生活の変容の年齢層・所得階層・地域別差異」『ICCS 現代中国学ジャーナル』, 4（1）, pp.40-55.

関崎　勉（2014）:「未来の畜産物の安全・安心」,『畜産の研究』, 68（4）, pp.452-456.

田上隆一（2010）:「食品安全と日本における GAP の現状と展望」, 南石晃明編著『東アジアにおける食のリスクと安全保障』, 農林統計出版, pp.159-183.

USDA（2016）:“Dairy: World Markets and Trade”＜http://usda.mannlib.cornell.edu/MannUsda/viewDocumentInfo.do?documentID=1861＞2016 年 11 月 20 日参照.

矢澤彩香・常　盟（2013）:「中国における食生活の変化と生活習慣病」,『Journal of Life Science Research』, 11, pp.5-9.

王　赫璐・吉田義明（2015）:「中国の有機農業における有機質供給と経営形態の発展に関する研究―北京市と山東省の事例に見る経営発展論理―」,『食の緑と科学』, 69, pp.25-34.

王　志剛（2010）:「中国における食品加工企業の HACCP 導入の動機」南石晃明編著『東アジアにおける食のリスクと安全確保』, 農林統計出版, pp.247-259.

渡邊憲二・何　海泉（2012）:「中国における牛乳の価格形成に関する計量分析」,『開発学研究』, 22（2）, pp.51-57.

渡邊憲二（2014）:「中国における牛乳の消費者選択行動に関する定量分析」,『開発学研究』, 24（2）, pp.90-95.

渡邊憲二（2015a）:「中国における牛乳の購買行動と消費者評価―選択実験によるアプローチ―」,『岡山商大論叢』, 51（1）, pp.217-224.

渡邊憲二（2015b）:「中国における若年層消費者の牛乳購買行動に関する研究」,『共生社会システム研究』, 9（1）, pp.132-148.

徐　芸・南石晃明・周　慧・曾　寅初（2010a）:「中国における粉ミルク問題の影響と中国政府の対応」,『九州大学大学院農学研究院学芸雑誌』, 65（1）, pp.13-21.

徐　芸・南石晃明・曾　寅初（2010b）:「中国における食品安全問題と消費者意識」, 南石晃明編著『東アジアにおける食のリスクと安全確保』, 農林統計出版, pp.101-119.

徐　芸・南石晃明・崔　野韓・宋　敏（2010c）:「中国における適正農業規範の現状」, 南石晃明編著『東アジアにおける食のリスクと安全確保』, 農林統計出版, pp.209-232.

曽　寅初（2010）：「フードシステムに対する消費者の信頼とリスク・コミュニケーション：食品安全事件の影響と対策を中心に」，福田　晋編『東アジアにおける食を考える：信頼できるフードチェーンの構築に向けて』，九州大学出版会，pp.133-154.
趙　海燕（2009）：「中国における“三品”認証制度の展開と現状—無公害食品，緑色食品および有機食品について—」，『フードシステム研究』，16（2），pp.14-28.

終章　本書の要約と今後の展望

1978年の改革開放以降，中国は社会主義のもとで市場経済と競争原理を導入し，著しい成長をみせたが，沿岸地域と内陸地域との経済格差や三農問題を引き起こすこととなった．また，中国北部の草原地帯を中心として，草原退化・砂漠化が深刻化し，生態環境の破壊による干ばつ，砂嵐，黄砂などの問題が顕在化した．そうした問題解決のために，国家プロジェクトによる大規模な環境保全政策（「退耕還林・還草」政策や「生態移民」政策など）が実施されている．現在，中国では経済成長とともに生態環境を保全しながら，農業生産を持続的に発展していくかが大きな課題となっている．

中国政府は，経済問題，環境問題，社会問題などの問題を解決し，持続的発展を図っていくために，経済的に立ち遅れた地域に対し，様々な施策を実施してきた．そうした中，近年急速に経済発展を遂げたのが内モンゴルである．内モンゴルは砂漠化や草原退化などの環境問題，牧畜地域と都市地域との経済格差問題などの問題を抱えていた．中央政府は「土地請負制度」，「生態移民」政策，「退耕環林・還草」政策，「農業産業化」政策などを実施し，問題解決に取り組んできた．しかし，これらの施策を実施した結果，定住化が進むと同時に利用可能な放牧地が減少したため，草原開墾，過放牧などの問題が深刻化し，さらなる砂漠化・草原退化を引き起こすこととなった．

このような状況において，内モンゴルでは，草原の放牧利用は厳しく制限されることとなり，遊牧および牧畜による家畜飼養の様式は，畜舎で飼養する施設型の様式へと移り変わっていった．また，家畜に必要な餌は牧草から飼料となり，飼料生産においては，化学肥料や農薬が使用されるようになった．集約的な家畜生産は，家畜ふん尿など家畜由来の環境汚染，化学肥料や農薬使用に伴う環境や食料の汚染など，農業経営が原因となるリスクを含むものである．そのため，食料リスクや環境リスクに対応しつつ，経済発展および環境保全の両立を目指した発展を行っていくことが重要な課題となっている．

本書では，特に中国内モンゴルに焦点を当て，当該地域における酪農経営の経営状況および経営を取り巻く諸政策の実施を踏まえ，経済発展および環境保全の両立を目指す方向性について検討を行った．具体的には，以下の課題について検討を行った．

第1の課題は,「農業産業化」政策などの経済発展政策および「生態移民」政策,「退耕還林・還草」政策,「禁牧」などの環境保全政策の実施により,内モンゴルの農業生産構造は大きな変化を見せていることが考えられるため,それら農業生産の構造変化を明らかにしたうえで,農牧民所得に影響を及ぼす要因の解明を行うことである.

第2の課題は,経済発展と環境保全の両立を目指した「生態移民」政策実施において,移民村へ移住し,そこで乳牛飼養を強いられている酪農経営を対象に,乳牛飼養技術や経営方針などが,個別経営の持続性にいかなる影響を及ぼしているのかを明らかにすることである.

第3の課題は,メラミン事件を契機に,酪農生産における飼養管理およびリスク管理の重要性が高まっている状況を踏まえ,乳業メーカーおよび酪農経営の両者の対応関係性を明らかにし,飼養管理およびリスク管理の方策を検討することである.

第4の課題は,第3の課題と同様に,メラミン事件を契機として牛乳に対する消費者の不信感が高まっている状況を踏まえ,消費者を対象に,牛乳の安全性・リスクに対する意識を明らかにし,牛乳消費拡大の方策を検討することである.

第1章では,各種統計資料を用いて,中国全体および内モンゴルにおける酪農生産の動向について整理を行った.内モンゴルをはじめとする中国における主要酪農生産地域では,小規模零細酪農経営が生産構造の大宗を担い,彼らが酪農生産の成長を担っている実態を明らかにするとともに,近年では,1000頭以上を有するメガファームが出現している実態について指摘した.また,内モンゴルの酪農・乳業の取引形態については,取引システムの多様化がみられることを明らかにした.さらに,今後の課題として,第一に,酪農家間の所得格差が拡大することについて指摘した.第二に,ふん尿処理と圃場への還元の問題,すなわち家畜由来の環境問題に対して,未然の対応が重要であることを指摘した.

第2章では,中国内モンゴル自治区における環境問題への取り組みについて,砂漠化および生態環境の悪化などの環境問題,またそれらの問題を是正するための「退耕還林・還草」政策および「生態移民」政策,「西部大開発」に関して,先行研究を踏まえ歴史的整理を行った.施策実施により,生態環境の改善など一定程度以上の成果をあげているものの,新たな問題が顕在化していることを指摘した.特に,生態環境の改善は短期間で解決できるものではなく,多くの時間と労力が必要であり,その際,農業リスクや環境リスクを考慮した対応の重要性について指摘した.

第3章では，統計資料が整備され始めた2000年および2007年の2時点を取り上げ，農業生産構造の変化および農牧民所得の規定要因を明らかにした．具体的には，急速な経済発展や資本投下の増加に伴い，伝統的，粗放的な生産方式から集約的な生産方式への構造変化および農牧民の所得に対する影響に関して検証した. 分析の結果, 明らかとなったのは以下の3点である. 第一に, 2000年から2007年にかけて，家畜の飼養形態に変化がみられた．2000年の時点では，山羊・綿羊と牛とが複合的に飼養され，生産構造を形成していたが，2007年には，山羊・綿羊・豚がそれぞれ独立した形として生産構造を形成していることを明らかにした. 第二に，耕種作物の生産構造に変化がみられ，複雑化していることを明らかにした．特に，2000年から2007年にかけて，とうもろこしや小麦・油類など経済性の高い作物への推移が見られ，そうした作目が農牧民所得に影響を及ぼしていることを明らかにした．第三に，2000年から2007年にかけて農牧民所得を規定している要因が複雑化していることを明らかにするとともに，農牧民所得の規定要因として，農業生産以外の影響が大きくなっているため，副収入の影響を考慮する必要性について指摘した.

第4章では，内モンゴルにおける牧区（33地域）および半農半牧区（37地域）の2地域を取り上げ，第3章と同じ年次・同様の手法を用いて分析を行った．分析の結果，明らかとなったのは以下の3点である．第一に，2000年から2007年にかけて，牧区および半農半牧区ともに，農牧民所得の増加がみられたが同時に所得格差が拡大していることを明らかにした．第二に，半農半牧区における生産構造変化の特徴として，経済性の高い穀物や家畜の生産が農牧民所得に影響を与えていることを明らかにした．特に，農牧民所得に影響を及ぼしていた家畜は，山羊や綿羊などの小家畜から肉用牛や乳用牛などの大家畜へと変化していることを指摘した．第三に，牧区における生産構造変化の特徴として，農業生産構造が複雑化していることを明らかにした. 農牧民所得に与える影響に関して,「生態移民」政策や「退耕還林・還草」政策に関する補助金，さらには出稼ぎなど，農業生産以外の要因の影響が強くなっていることを指摘した.

第5章では,「生態移民」政策の実施により，移民村に移住してきた酪農家を対象に，移民直後からの乳量および所得の変化，飼養管理における問題意識，今後の経営計画を分析対象項目とし，それらを規定している要因として，個別属性や飼養管理に関する項目を取り挙げ，規定要因の解明を行った．分析の結果，以下の3点を明らかにした．第一に，生態移民後，乳量を増加させている，もしくは平均以上の水準を保っている農家の特徴として，移民前の乳牛飼養の経験が影響していることを明らかにした．特に，乳牛の飼養管理技術の格差が農家間の所得格差を拡大させており，経営意識にも差が生じていることを指摘した．第二に，飼養管理に関する情報入手能力の差異が乳量変化および所得変化の規定要因となっていることを明らかにした．その一方で，これらの情報入手が困難な農家では，家畜の疾病や受胎率低下などが飼養管理における問題となっていることを指摘した．第三に，飼料給与を自己流で行っている農家は，家畜の個体能力に関して問題を抱えていることを明らかにした．特に，飼料給与方法に関しては，自己流で飼料給与を行っている農家を対象とした講習会の開催や普及・指導を行っていくことの重要性を指摘した．

第6章では，生態移民後から酪農経営を継続している農家および酪農部門から他の部門へと経営の転換を行った農家を対象に聞き取り調査を実施し，生態移民後の経営実態を明らかにし，移民村存続への課題を検討した．調査結果より，農耕主体の経営より農牧主体の経営において所得率が高いことを明らかにした．また，移民村存続の課題として以下の3点を指摘した．第一に，安定的な飼料確保の問題であり，移民村内の共有地を利用し，安定供給が可能となる飼料生産・確保を行っていくことが重要であると指摘した．第二に，搾乳ステーションを継続的に稼動させていくことの重要性を指摘した．第三に，移民村における経営内部門の多様化の必要性を指摘した．具体的には，内モンゴルで伝統的に生産されてきたチーズやヨーグルトなど付加価値の高い生乳製品を製造する技術習得や販売先確保などに加え，都市近郊での出稼ぎの斡旋など，多様な部門を確立し，所得向上を図る方策・支援の重要性について指摘した．

第7章では，近年，農家が企業と契約を結び酪農生産を行う私企業リンケージ（PEL）型酪農が都市近郊を中心に増加している現状を踏まえ，新たな酪農生産の取り組みに関して，乳業メーカーと酪農家を対象に酪農生産およびリスク管理に関する両者の対応関係を明らかにした．分析の結果，酪農生産継続の課題として以下の3点を指摘した．第一に，農家の乳質向上に対する関心が低いため，インセンティブを高めること，すなわちプレミア価格を見直す必要性について指摘した．第二に，とうもろこしサイレージの貯蔵技術向上の問題および当該地域に適した飼料生産・貯蔵技術を確立することの重要性について指摘した．第三に，園区での飼養頭数制限への方策として，高品質な生乳生産を可能とする育種計画を実施し，生乳の生産調整が可能な生産体系を構築していくことの重要性について指摘した．

第8章は，メラミン事件以降，牛乳・乳製品の安全性に対する関心が高まっているなか，消費者は牛乳に対し，いかなる意識を有しているのかについて，大学生，大学院生を対象に検討を行った．分析の結果，以下の3点を明らかにした．第一に，牛乳購入に対する意識として，6割以上の学生で「不安（かなり不安である・やや不安である）」と回答しており，牛乳消費に対する不信感が高いこと，また，牛乳生産の段階において，何らかのリスクが発生する可能性を意識して，牛乳の購入・消費を行っていることを明らかにした．第二に，牛乳購入時に重視する項目として，「製造年月日・消費期限」および「健康」を重視していることを明らかにした．第三に，幼少期より牛乳を消費していた学生および認証表示を重視している学生において，牛乳の購入頻度が高いことを明らかにした．そして，幼少期に牛乳の飲用を促すとともに，牛乳の品質や安全性を担保するような認証表示の理解・普及が進めば，牛乳消費の継続性が図れる可能性を示唆した．

以上，各章の要約を行った．最後に，酪農経営を取り巻く酪農生産，環境問題および食料問題に焦点を当て，中国内モンゴルの経済発展および環境保全の両立に向けた今後の展望および課題について述べることで本書のむすびとしたい．

酪農生産に関しては，家畜の育種・改良を含む個体の生産性向上および飼料生産の観点から以下の課題が考えられる．なお，これらの課題に関しては農業リスクに係る問題も付随しているといえる．

第一に，乳牛の生産性向上であり，中・長期的な視点からの育種・改良計画を行っていくことが重要な課題であるといえる．酪農経営では，優れた能力の乳牛の飼養を行うことが極めて重要となる．しかし，本書でも指摘したように中国における乳牛1頭当りの乳生産量は，日本を含む諸外国と比べて低水準にある．現在，国内の種雄牛および精液などはオーストラリア，ニュージーランド，カナダ，アメリカなどから輸入されており，中国では乳牛の能力検定や種雄牛の育種改良などが遅れている．最近，ようやく優良種雄牛の凍結精液普及や産乳量の目標設定を定めるようになった．今後は，こうした目標のもと，能力検定，品種登録，種雄牛の遺伝評価や後代検定などを実施し，中・長期的な育種・改良計画を定め，現場に普及させていくことが重要である．また，一定程度の飼養頭数規模に達するまで，雌雄判別技術を用いて搾乳牛飼養の規模拡大を図っていくことも有効な対策であると考える．

第二に，飼料生産においては良質な飼料の生産・確保を行っていくことが課題となる．乳牛飼養頭数や産乳量の目標計画を達成するためには，良質な飼料生産・確保および給与が必須となる．特に，輸入された純粋種のホルスタインにおいては，高い泌乳能力を引き出すために高栄養価の飼料を給与することが必要となる．そのため，経営外部からの購入飼料への依存が高まれば，購入先の飼料生産や品質管理などに係る生産技術も重要となってくる．乾燥地域である内モンゴルにおいては，サイレージが最適な飼料であるかも含めて，地域に合わせた飼料生産および貯蔵管理を考える必要があるといえる．今後，酪農経営の規模拡大とともに購入飼料への依存が高まれば，濃厚飼料に対する需要は増大していくであろう．中国国内における飼料需給のバランスが崩れると，飼料確保が困難な経営の廃業やそれに伴う牛乳の供給不足など，食料のみならず農業に関連する様々なリスクを併発する可能性がある．こうした問題を引き起こさないためにも，酪農生産地域（移民村含む）において飼料生産の基盤を作り，中国国内において飼料生産の重要性を認識することが必要であるといえる．

次いで，環境問題に関しては以下の2点が重要な課題と考える．第一に，酪農経営の規模拡大に伴う家畜ふん尿の問題である．環境保全政策が実施される以前は，夏季は放牧地で家畜ふん尿は自由処理が行われ，冬季は畜舎内のふん尿を堆肥にして畑に還元するか，自然乾燥させ燃料として利用されていた．しかし，乳牛の飼養頭数増加，畜舎での集約的な家畜飼養，さらには放牧の飼養頭数制限や禁止などに伴い，ふん尿の自然乾燥処理は困難となった．堆肥や燃料として処理しきれないふん尿は村の道路脇や運動場（パドック）に野積みされている．ふん尿中の窒素は，アンモニアとして大気汚染源となり，あるいは硝酸態窒素として土壌に浸透し，地下水汚染源となっているほか，臭気が漂うことや，強風の時には糞が飛散する状況となり，自然環境のみならず人々の生活環境にまで影響を及ぼすこととなる．土壌汚染や地下水汚染の深刻化は，地域住民の飲用水などの生活環境悪化だけでなく，家畜に給与する飼料生産にも影響を及ぼすことが考えられ，新たな環境リスクや食料リスクを引き起す可能性を秘めている．そうした問題解決の方策の一つとして，メタンガスを活用したバイオガスプラントの設置・導入による地域資源の循環システムが構築されており，循環型の家畜生産システムへの期待が高まっている．

第二は，「退耕還林・還草」政策および「生態移民」政策に関する環境保全政策の課題である．「退耕還林・還草」政策は，森林や草地の保護・回復，水土流失の防止などの側面からみれば，ある程度の効果を発揮した政策であるといえる．しかしながら，環境保全を目的とした強制移住である「生態移民」政策は，移民村の生産構造や社会構造を大きく変化させてしまった．特に，モンゴル族の移住においては，移住に伴うトラブルの発生や飼養環境の変化など，これまでの生活を一変させるものであった．元来，「生態移民」政策は環境保全政策のみならず貧困対策も目標として定められていたが，本書で述べたように，更なる貧困を引き起こす事態となっており，何らかの方法で所得を獲得しないと生活できない状況となっている．その一方で，今後国内において飼料需要が増大した場合，これまで「退耕還林・還草」政策によって保全・保護されていた地域においても，家畜放牧や飼料生産のために再度利用される可能性も懸念される．そのため，内モンゴルでは自然生態的・社会的条件に合った形で政策を実施し，酪農生産のみならず伝統的な山羊・綿羊などの家畜飼養の再評価，就業機会の拡大と就業条件の改善など，長期的な展望を視野に入れた施策が必要であるといえる．

最後，食料問題に関しては，以下の 2 点が課題として考えられる．第一は，食品に対する安全性・リスクの問題である．以下では本書で取り上げた牛乳に関して述べる．乳業メーカーとの取引価格は，メラミン事件以前は，集乳経費や出荷乳量規模が重視されて設定されていた．しかし，メラミン事件以降は，乳脂肪率や蛋白質などの乳成分や体細胞数および細菌数に加えて，搾乳施設の衛生管理状態も価格に反映されるようになった．大規模な乳業メーカーでは，先進的な酪農生産設備および機械の導入，高品質な濃厚飼料・粗飼料の給与により衛生面での管理および生乳の成分的品質は相対的に高いといえる．そのため，大規模な経営ほどより高い乳価を得ることが可能な状況となっており，小規模・零細農家との取引乳価の格差は拡大している．取引価格を高めるためには，資本集約的な家畜飼養が必須の状況となりつつあり，小規模・零細農家はますます家畜飼養を中止していくことが予想される．大規模化の方向としては，自己資本投入による拡大と他社の買収などによる拡大が考えられる．後者の場合，買収されそうな乳業メーカーは，メラミン事件の時のように再度不正を犯すリスクも考えられるため，未然の対応が求められる．

第二の課題は，食習慣・食文化の変化および消失の問題である．従来，草原で生活してきたモンゴル族にとって，「赤い食べ物」と「白い食べ物」は欠かせないものであった．しかし近年では，元来，ほとんど消費されることはなかった牛乳の消費拡大に象徴されるように，国民所得・生活水準の向上により，食生活は多様化するようになった．食生活の変化は，伝統文化の変化とも密接に結びついている．内モンゴルにおいて遊牧生活を経験していない世代が中心となった時，これまでの伝統文化が失われる可能性も否定できない．今後の課題となるのは，経済発展を追求するとともに，中国国内で生活する人々の食生活・食文化を含めた伝統文化に配慮した政策を模索していくことが重要であると考える．この点に関しては，地域における伝統文化（食生活を含む）に係る新たなリスク（伝統文化消失のリスク）を考慮する必要もあるといえる．

本書で述べてきたように，経済発展と環境保全の問題を解決し，持続的な発展を目指すことは，中国内モンゴルだけの問題ではなく，地球上に暮らす人々の共通課題であるといえる．また，様々な研究者が指摘してきたように，問題解決のための特効薬はなく，長い時間を要するものである．本書では，内モンゴルに特化し実証研究を行ってきたが，経済発展，環境保全および持続的発展に関する研究のさらなる深化の一助になれば幸いである．

注 1）内モンゴルにおいては，村内の一か所で処理する集中型のプラントではなく，個別農家ごとでの個別分散型のプラントの利用が多い．メタンガスを活用することで，メタンガスそのものを照明や燃料に利用できるほか，その製造過程で発生する発酵残渣や液肥も有機質の肥料として農作物栽培のハウスや畑でも利用が可能となる．さらには，燃料として利用されてきた樹木の代わりにメタンガスを利用することで，樹木の伐採量を減らすことも可能となる．

注 2）政策に関する文書や酪農経営に必要な契約書などは，すべて中国語で書かれており，乳牛飼養に関する指導も中国語で行われた．そのためモンゴル族は理解できず，多くのトラブルを引き起こした．移民村における実際の聞き取り調査では，政府の公文書の内容と相違がありトラブルが発生した事例として，移民前に暮らしていた地域への帰郷可能などの「移住の条件」，資金貸し付けの返済方法や利息などの「資金貸し付けの条件」，妊娠の有無や乳牛の低乳量など「購入した乳牛の生産能力」などがあった．

注 3）「赤い食べ物」は，羊肉を中心としたものであり，「白い食べ物」はチーズや馬乳酒などの乳製品を指している．

あとがき

本書における研究は，2009年に学術振興会研究員に採用されたことが発端となっている．2009年6月に初めて内モンゴルを訪れたが，なぜか懐かしいにおいがしたのを今も覚えている．その後，毎年のように内モンゴルを訪れているが，内モンゴルの街並みの変化と草原・農村の変化とのギャップには，毎回驚かされるばかりである．

本書における研究は，呉　金虎氏（中国内蒙古財経大学金融学院　副教授）と薩茹拉氏（中国内蒙古財経大学経済学院　講師）の協力なくしては，あり得ないものであった．

今回単著を出版するにあたって，両氏と連名で発表した論文に関しては，筆者の責任で修正し，収録することに両氏から快諾を頂いた．中国内モンゴル事情や言語も全く無知であった筆者が，曲がりなりにも内モンゴルで調査・研究ができたのは，両氏の助けがあってのものである．両氏と龍谷大学での出会い以来，公私に渡りお世話になっていることも含め，改めて深い感謝の意を表したい．なお，本書において記されている見解や誤りなどは，言うまでもなく筆者個人に帰属するものである．

筆者にとって，海外で行う調査研究はこれが初めてであった．日本人研究者にとって内モンゴルでの調査は，簡単かつ自由にできるものではなく，事前の食事会を含め，かなりの根回しと準備が必要であった．例えば，調査先において「日本人であることが分かると調査が打ち切りになるから何もしゃべってはいけない」と言われたことや，「車から出ない方が良い」と言われ，農家の庭先まで行くことすらできない時もあった．そのために，両氏とは入念な打ち合わせを行い，調査を実施したことは今では懐かしい思い出である．両氏をはじめ様々な人々に協力いただき，調査研究を遂行することができたことは筆者にとって本当に幸せなことであった．

以下，私的ごとであるが公私ともにお世話になった先生と，その他プロジェクト等でお世話になった方々に関し，これまでの想いを回顧しながら，お礼を申し上げたい．

まず，廣岡博之先生（京都大学大学院教授）には龍谷大学の学部時代以来，現在もご指導いただき，本当にお世話になったと同時に，最もお叱りを受けた．気が緩んでいる時に，叱咤激励していただき，気持ちを引き締めていただいたおかげで，何とかやってこられたことを心よりお礼申し上げたい．今後，少しでも先生に恩返しのできるような研究を行っていきたい．河村能夫先生（龍谷大学名誉教授）」には，大学院時代以降，様々なプロジェクトや学会セッションに参加させていただいた．様々な場面で先生の思考を学ばせていただいたことは，極めて貴重な体験であったと感謝している．稲本志良先生（京都大学名誉教授）には，龍谷大学大学院以降，公私ともに大変お世話になった．JR 京都駅近辺で，先生とマンツーマンで毎回終電まで議論させていただいた時間は特別贅沢なものであった．小田滋晃先生（京都大学大学院教授）には，人生の窮地に置かれた場面において本当に助けていただいた．その後も寄附講座でご一緒でき，公私に渡り支えていただいたことに不思議なご縁を感じる．また，「たまたま，偶然の出会い」，「スモールワールド論」に関しては，人生の教訓となっている．最後に，南石晃明先生（九州大学大学院教授）には，九州大学着任時以降，環境変化に戸惑っている不安を取り除いていただくとともに，様々なわがままを聞いてくださった．公私にわたりお世話になったことに感謝申し上げたい．南石先生からの様々なアドバイスや自由な研究環境の提供なくして，本書は完成しなかった．

その他，内モンゴルのフィールでもたくさんの方々にお世話になった．特に日中共同シンポジム（第 4 回：2009 年，第 5 回：2011 年，第 6 回：2013 年）に参加させていただき，多くの内モンゴル研究者および日本人研究者と議論を交わせたことは極めて幸せな経験であった．特に，双喜先生（中国内蒙古財経大学学会誌編集主任副教授）には毎年大変お世話になっている．当シンポジウムでお会いした研究者の方々との縁は，将来にわたり継続したいと切に願っている．また，内モンゴルでの日本人研究者との出会いも貴重なものであった．特に，現地シンポジウム等で多大なるご助言をいただいた，加賀爪優先生（京都大学名誉教授），松下秀介先生（筑波大学教授）との出会いには不思議なご縁を感じた．日本人研究者と国内外で出会い，その後，ご縁をいただけるのも海外研究の醍醐味の一つであるといえる．そうした経験をさせていただいたことを幸せに思う．

また九州大学に着任して以降，所属研究室以外の先生方にも多大なご配慮・ご助言を頂くなど，すばらしい研究環境を与えていただいたことに，感謝申し上げる．

本書の取りまとめには，九州大学農学部農業経営学研究室の学生諸氏（西瑠也君，太田明里さん，馬場研太君）の協力を得た．さらに，本書の刊行に関しては，京都大学大学院以来の付き合いとなっている養賢堂の小島英紀氏に，筆者の無理難題を忍耐強く聞き入れていただいた．その並々ならぬご尽力に対し，厚くお礼を申し上げたい．

本書は，様々な人々に支えていただき出版することができた．その点に関しては，本当に「運が良かった」と自負している．

最後になったが，ここまで育ててくれた両親に感謝の気持ちを記したい．

2017年1月
長命洋佑

各章の初出論文一覧

本書の初出は以下の通りであるが，各章において加筆・修正を行っている．

第 1 章　中国内モンゴルにおける酪農生産の動向

・長命洋佑（2012）:「中国内モンゴル自治区における乳業メーカーと酪農家の現状と課題」，『地域学研究』，42（4），pp.1031-1044.

・長命洋佑・呉　金虎（2013）:「中国の酪農生産構造における内モンゴルの特徴」，河村能夫編著『経済成長のダイナミズムと地域格差―内モンゴル自治区の産業構造の変化と社会変動―』，晃洋書房，pp.40-55.

第 2 章　中国内モンゴル自治区における家畜生産と環境問題

・長命洋佑（2016）:「中国内モンゴル自治区における環境問題への取り組み」，『農業および園芸』，91（11），pp.1085-1097.

第 3 章　内モンゴル自治区の農業生産構造変化

・長命洋佑（2012）:「中国内蒙古自治区における農業生産構造の変化が農家所得に及ぼす影響」，『地域学研究』，42（2），pp.223-240.

第 4 章　牧区および半農半牧区の農業生産構造変化

・長命洋佑・呉　金虎（2011）:「中国内モンゴル自治区における農業生産構造の規定要因に関する研究」，『システム農学』，27（3），pp.75-90.

第 5 章　牧畜地帯における酪農経営の実態と課題
―生態移民村 2 村を対象としたアンケート調査分析―

・長命洋佑（2013）:「中国内モンゴル自治区の牧畜地帯における酪農経営の実態と課題―シリンゴル盟の 2 村を事例として―」，『経済学論集』，53（3），pp.201-216.

第 6 章　牧畜地帯における酪農経営の実態と移民村の課題
―生態移民村における事例分析―

・長命洋佑・呉　金虎（2012）:「中国内モンゴル自治区における生態移民農家

の実態と課題」,『農業経営研究』, 50（1）, pp.106-111.

第7章　酪農生産における農業・環境リスク
　　—フフホト市の乳業メーカーと酪農経営を事例として—

・長命洋佑・呉　金虎（2011）:「中国内モンゴル自治区における私企業リンケージ（PEL）型酪農の現状と課題—フフホト市の乳業メーカーと酪農家を事例として—」,『農林業問題研究』, 46（1）, pp.141-147.
・長命洋佑・南石晃明（2015）:「酪農生産の現状とリスク対応—内モンゴルにおけるメラミン事件を事例に—」南石晃明・宋　敏編著『中国における農業環境・食料リスクと安全保障』, 花書院, pp.75-101.

第8章　牛乳消費に対する食料リスク
　　—牛乳の安全性・リスクに対する意識—

・長命洋佑・呉　金虎・薩茹拉（2017）:「牛乳の安全性・リスクに対する消費者意識—内モンゴル自治区の大学生を対象としたアンケート分析—」,『農業および園芸』, 92（2）, pp.97-112.

本書が基づく研究助成

本書は以下の研究助成を受けたことにより，研究成果の出版が可能となった．改めて感謝の意を記す．

1）文部科学省「特別研究員奨励費」『内モンゴル自治区における経済性の向上と環境負荷低減による持続的農業に関する研究』（2009-2011 年度）
2）2010 年度 国際社会文化研究所　研究プロジェクト『中国内モンゴル自治区における経済成長と格差是正を目指した持続的地域社会発展に関する総合研究』（研究代表者：河村能夫）
3）京都大学「平成 25 年度　京都大学若手研究者ステップアップ研究費」『中国内モンゴルにおける私企業リンケージ型酪農生産の新たな展開と可能性』（2013 年度）
4）文部科学省「科学研究費助成事業（学術研究助成基金助成金）若手研究（B）」『私企業リンケージ型酪農生産システムの多角化戦略と可能性』（2014-2018 年度）

著者紹介

長命　洋佑（ちょうめいようすけ）
1977年，大阪府生まれ
九州大学大学院農学研究院助教
博士（農学）

専門は，農業経済学，農業経営学.
2009年より日本学術振興会特別研究員（PD），2012年京都大学大学院農学研究科特定准教授を経て，2014年より現職.

主要著書
『TPP時代の稲作経営革新とスマート農業―営農技術パッケージとICT活用』(共著，2016年，養賢堂)
『いま問われる農業戦略：規制・TPP・海外展開（シリーズ・いま日本の「農」を問う)』(共著，2015年，ミネルヴァ書房)
『農業経営の未来戦略〈2〉躍動する「農企業」―ガバナンスの潮流（農業経営の未来戦略2)』(共著，昭和堂，2014年)
『農業経営の未来戦略〈1〉動き始めた「農企業」(農業経営の未来戦略 1)』(共著，2013年，昭和堂) 他.

内モンゴルの位置

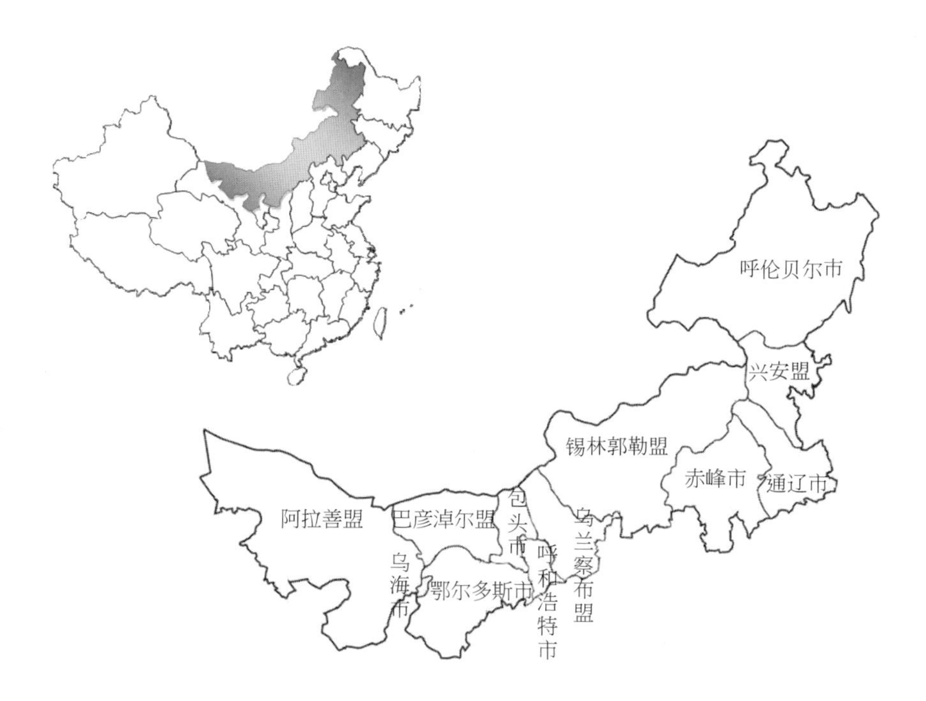

酪農経営の変化と食料・環境政策
—中国内モンゴル自治区を対象として—
長命洋佑 著

Changes in dairy management and policies in food and environment
-Cases of Inner Mongolia-

Yosuke Chomei

JCOPY <（社）出版者著作権管理機構 委託出版物>

2017年3月30日 第1版第1刷発行

2017
酪農経営の変化と
食料・環境政策

著者との申
し合せによ
り検印省略

定価（本体3000円＋税）

著作者 長(ちょう)命(めい)洋(よう)佑(すけ)

発行者 株式会社 養賢堂
代表者 及川 清

印刷者 星野精版印刷株式会社
責任者 入澤誠一郎

発行所 株式会社 養賢堂
〒113-0033 東京都文京区本郷5丁目30番15号
TEL 東京(03)3814-0911 振替00120
FAX 東京(03)3812-2615 7-25700
URL http://www.yokendo.com/

ISBN978-4-8425-0556-5 C3061

PRINTED IN JAPAN 製本所 星野精版印刷株式会社